Wissenschaftliche Reihe Fahrzeugtechnik Universität Stuttgart

Reihe herausgegeben von

Michael Bargende, Stuttgart, Deutschland

Hans-Christian Reuss, Stuttgart, Deutschland

Jochen Wiedemann, Stuttgart, Deutschland

Das Institut für Fahrzeugtechnik Stuttgart (IFS) an der Universität Stuttgart erforscht, entwickelt, appliziert und erprobt, in enger Zusammenarbeit mit der Industrie, Elemente bzw. Technologien aus dem Bereich moderner Fahrzeugkonzepte. Das Institut gliedert sich in die drei Bereiche Kraftfahrwesen, Fahrzeugantriebe und Kraftfahrzeug-Mechatronik. Aufgabe dieser Bereiche ist die Ausarbeitung des Themengebietes im Prüfstandsbetrieb, in Theorie und Simulation. Schwerpunkte des Kraftfahrwesens sind hierbei die Aerodynamik, Akustik (NVH), Fahrdynamik und Fahrermodellierung, Leichtbau, Sicherheit, Kraftübertragung sowie Energie und Thermomanagement – auch in Verbindung mit hybriden und batterieelektrischen Fahrzeugkonzepten. Der Bereich Fahrzeugantriebe widmet sich den Themen Brennverfahrensentwicklung einschließlich Regelungs- und Steuerungskonzeptionen bei zugleich minimierten Emissionen, komplexe Abgasnachbehandlung, Aufladesysteme und -strategien, Hybridsysteme und Betriebsstrategien sowie mechanisch-akustischen Fragestellungen. Themen der Kraftfahrzeug-Mechatronik sind die Antriebsstrangregelung/Hybride, Elektromobilität, Bordnetz und Energiemanagement, Funktions- und Softwareentwicklung sowie Test und Diagnose. Die Erfüllung dieser Aufgaben wird prüfstandsseitig neben vielem anderen unterstützt durch 19 Motorenprüfstände, zwei Rollenprüfstände, einen 1:1-Fahrsimulator, einen Antriebsstrangprüfstand, einen Thermowindkanal sowie einen 1:1-Aeroakustikwindkanal. Die wissenschaftliche Reihe „Fahrzeugtechnik Universität Stuttgart" präsentiert über die am Institut entstandenen Promotionen die hervorragenden Arbeitsergebnisse der Forschungstätigkeiten am IFS.

Reihe herausgegeben von

Prof. Dr.-Ing. Michael Bargende
Lehrstuhl Fahrzeugantriebe
Institut für Fahrzeugtechnik Stuttgart
Universität Stuttgart
Stuttgart, Deutschland

Prof. Dr.-Ing. Hans-Christian Reuss
Lehrstuhl Kraftfahrzeugmechatronik
Institut für Fahrzeugtechnik Stuttgart
Universität Stuttgart
Stuttgart, Deutschland

Prof. Dr.-Ing. Jochen Wiedemann
Lehrstuhl Kraftfahrwesen
Institut für Fahrzeugtechnik Stuttgart
Universität Stuttgart
Stuttgart, Deutschland

Weitere Bände in der Reihe https://link.springer.com/bookseries/13535

Edwin Baumgartner

Frontloading durch Fahrbarkeitsbewertungen in Fahrsimulatoren

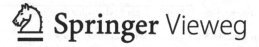
Springer Vieweg

Edwin Baumgartner
IFS, Fakultät 7, Lehrstuhl für
Kraftfahrzeugmechatronik
Universität Stuttgart
Stuttgart, Deutschland

Zugl.: Dissertation Universität Stuttgart, 2021

D93

ISSN 2567-0042   ISSN 2567-0352   (electronic)
Wissenschaftliche Reihe Fahrzeugtechnik Universität Stuttgart
ISBN 978-3-658-36307-9   ISBN 978-3-658-36308-6   (eBook)
https://doi.org/10.1007/978-3-658-36308-6

Planung/Lektorat: Stefanie Eggert
Springer Vieweg ist ein Imprint der eingetragenen Gesellschaft Springer Fachmedien Wiesbaden GmbH und ist ein Teil von Springer Nature.
Die Anschrift der Gesellschaft ist: Abraham-Lincoln-Str. 46, 65189 Wiesbaden, Germany

Vorwort

Die vorliegende Arbeit entstand während meiner Tätigkeit als wissenschaftlicher Mitarbeiter am Forschungsinstitut für Kraftfahrwesen und Fahrzeugmotoren Stuttgart (FKFS).

An erster Stelle möchte ich mich bei Herrn Prof. Dr.-Ing. Hans-Christian Reuss für die Ermöglichung, Betreuung und wohlwollende Förderung dieser Arbeit herzlich bedanken. Auch danke ich Herrn Prof. Dr.-Ing. Thomas Maier für die freundliche Übernahme des Mitberichts und für das Interesse an der Themenstellung.

Zudem danke ich allen Kolleginnen und Kollegen des Bereichs Kraftfahrzeugmechatronik für die äußerst angenehme Zusammenarbeit und die gute gemeinsame Zeit. Besonderer Dank gilt dem gesamten Fahrsimulator-Team für die Unterstützung bei den Erprobungen sowie Herrn Dr.-Ing. Gerd Baumann für die gebotenen Freiräume und das entgegengebrachte Vertrauen.

Die Grundlage dieser Arbeit entstammt einem Projekt mit der Dr. Ing. h. c. F. Porsche AG in Weissach. Für ihre wertvolle Unterstützung und die vielen hilfreichen Diskussionen während der mehrjährigen Projekttätigkeit vor Ort danke ich insbesondere den Herren Dr.-Ing. Alexander Basler, Dr.-Ing. Peter Hermannstädter, Jochen Mittnacht, Ralph Bungard und Joachim Böttiger aus der Abteilung Gesamtfahrzeug-Energiemanagement, Dr.-Ing. Andreas Ronellenfitsch aus der Abteilung Virtuelles Fahrzeug sowie Dr.-Ing. Matthias Zimmer und Udo Weckenmann aus der Abteilung Innovationen und Konzepte.

Ein ganz herzlicher Dank für den liebevollen Rückhalt gilt schließlich meiner Familie, die mich nicht nur während der Promotion, sondern auch darüber hinaus stets unterstützt hat.

Edwin Baumgartner

Inhaltsverzeichnis

Abbildungsverzeichnis

Tabellenverzeichnis

Abkürzungsverzeichnis

2AFC	two-alternative forced choice
2WD	two-wheel drive
ABS	Antiblockiersystem
ASM	Asynchronmaschine
ASR	Antischlupfregelung
ATL	Abgasturbolader
ATZ	Automobiltechnische Zeitschrift
CAD	computer aided design
CAN	controller area network
CATC	China Automotive Testing Cycle
CAVE	cave automatic virtual environment
DoF	Degree of Freedom (Freiheitsgrad)
euATL	elektrisch unterstützter Abgasturbolader
FEM	Finite-Elemente-Methode
FKFS	Forschungsinstitut für Kraftfahrwesen und Fahrzeugmotoren Stuttgart
FSM	Fremderregte Synchronmaschine
FTP	Federal Test Procedure
GUI	graphical user interface
GVS	galvanische vestibuläre Stimulationen
HWFET	Highway Fuel Economy Test
IFS	Institut für Fahrzeugtechnik Stuttgart

JND   just noticeable difference (Unterschiedsschwelle)

Lemasim   Längsdynamik-Energiemanagement-Simulation

NEFZ   Neuer europäischer Fahrzyklus

OCV   open circuit voltage

PEP   Produktentstehungsprozess
PEST   parameter estimation by sequential testing
PID-Regler   Proportional-Integral-Differential-Regler
PSM   Permanenterregte Synchronmaschine

QUEST   Quick Estimation by Sequential Testing

RWD   rear-wheel drive

SFTP   Supplemental Federal Test Procedure
SiL   Software in the Loop
SOC   state of charge
SOP   start of production
SSQ   simulator sickness questionaire
SUV   sport utility vehicle

TCP   transmission control protocol

UPD   user datagram protocol

VFP2   Virtueller Fahrerplatz 2 (Fahrsimulator der Porsche AG)

WLTC   Worldwide harmonized Light vehicles Test Cycle
WLTP   Worldwide harmonized Light vehicles Test Procedure
WQXGA   wide quad extended graphics array
WUXGA   wide ultra extended graphic array

ZEIS   Zwei-Ebenen-Intensitätsskala

Symbolverzeichnis

Lateinische Buchstaben

A_{Fzg}	Stirnfläche des Fahrzeugs	m^2
a	Beschleunigung	m/s^2
a_0	Absolutschwelle der Beschleunigung	m/s^2
a_{JND}	Unterschiedsschwelle der Beschleunigung	m/s^2
$\dot{a}$	Beschleunigungsgradient	m/s^3
BI	Bewertungsindex nach ATZ-Skala	
c_w	Luftwiderstandsbeiwert	
E	subjektive Empfindungsstärke	
F_{Bx}	translatorischer Beschleunigungswiderstand	N
F_{Luft}	Luftwiderstandskraft	N
F_N	Reifennormalkraft	N
F_{Roll}	Summe der Rollwiderstandskräfte	N
f_{Roll}	Rollwiderstandsbeiwert	N
F_{Steig}	Steigungswiderstand	N
F_x	Summe der Reifenumfangskräfte	N
g	Gravitationskonstante	m/s^2
k	Weberkonstante	
m_{Fzg}	Gesamtmasse des Fahrzeugs inkl. Beladung	kg
R	Reizintensität	
R^2	Bestimmtheitsmaß	
SD	standard deviation (Standardabweichung)	
t	Zeit	s
v	Geschwindigkeit	m/s
v_{max}	Maximale Fahrzeuggeschwindigkeit	m/s
Δv	Geschwindigkeitszuwachs	m/s
x	Freiheitsgrad Längsbewegung	
y	Freiheitsgrad Querbewegung	
z	Freiheitsgrad Vertikalbewegung	

Griechische Buchstaben

α_{Steig}	Steigungswinkel der Straße	rad
β	rezeptorspezifischer Stevens-Exponent	
γ	Ratewahrscheinlichkeit	
λ	Lapsusrate	
μ	Kraftschlussbeiwert	
μ_g	Gleitreibbeiwert	
μ_h	Haftreibbeiwert	
ϕ	Freiheitsgrad Wankbewegung	
ψ	Freiheitsgrad Gierbewegung	
ρ_{Luft}	Luftdichte	kg/m^3
θ	Freiheitsgrad Nickbewegung	

Indizes

0	Absolutschwelle eines Reizes
Fzg	Fahrzeug
JND	Unterschiedsschwelle eines Reizes
max	maximal
Ref	Referenz
rel	relativ (bezogen auf die Referenz)

Abstract

The subjective perception and assessment of a vehicle's driving characteristics is termed drivability. It plays an important role for customer satisfaction and product success, as it contributes to the emotional feel of a car. In the concept phase, however, it is not possible to subjectively evaluate drivability, since physical prototypes are not available at such early development stages. For a holistic evaluation of powertrain concepts, this would be necessary though in order to find the global optimum in objective *and* subjective respects.

This work aims to address this issue by the use of driving simulators, as recent advances in driving simulator technologies make it possible to render even relatively dynamic maneuvers. The goal is to develop a simulation framework which enables evaluations of the subjective drivability already in the concept phase by utilizing driving simulators. This contributes to so-called frontloading which means pushing development activities forward into the concept phase to avoid late product changes. The later decisions for changes are made, the more expensive they become as the associated costs rise overproportionately over time.

Component and technology decisions in the concept phase are typically guided by consumption and performance criteria. Combining these objective criteria with subjective drivability assessments through the use of driving simulators facilitates holistic and balanced concept decisions. This increases the level of product maturity in the concept phase and, thus, the overall product quality.

Introduction

After the motivation and problem statement, the first chapter gives a review of relevant literature. The few publications that can be found on longitudinal drivability evaluations in driving simulators do not utilize powertrain simulations. Instead, they replicate acceleration profiles from vehicle measurements in a driving simulator. The contribution to frontloading is thus very limited which demonstrates the need for further research. Moreover, a combined evaluation of various powertrain topologies in driving simulators regarding drivability, performance and consumption would also add to the current literature and knowledge. Therefore, this work aims to develop such a simulation framework and evaluation process. After defining the research goal, the chapter concludes by presenting the overall structure of the thesis.

Fundamentals and Methods

This chapter provides background and foundational information, beginning with concept evaluation methods for performance and energy efficiency. Subsequently, the methods for drivability evaluation are explained. These methods are usually applied at later stages of the vehicle development process when prototype vehicles are available. Finally, the methods and techniques used in driving simulation are introduced. This comprises the relevant human sensory perception mechanisms during longitudinal driving maneuvers and suitable motion cueing techniques to emulate the corresponding sensation in driving simulators.

Development of the Simulation Framework

After the introduction and definition of important terms, suitable modeling and simulation techniques are discussed and selected in order to meet the requirements given by the research goal. A vehicle model is developed in Matlab/Simulink that is deterministic, signal flow- and function-oriented and real-time capable.

First, the powertrain components are developed. They are modeled with a level of detail that is sufficient for simulating vehicle performance, energy efficiency and drivability. However, the latter requires the highest model accuracy to also take transient effects into account.

Second, the powertrain component models are joined to a vehicle model. Its modular architecture enables automated topology, component and parameter variations. The individual component models can be switched on and off as needed. This allows the simulation of all kinds of conventional and electric vehicles as well as serial, parallel and power-split hybrids. Since a variety of simulations is possible with only *one* vehicle model, redundancies and maintenance requirements are minimized.

Third, the overarching simulation framework is developed, containing the interface to the driving simulator software. The simulation framework also has a highly modular design and outsources all exchangeable parts to a library system.

The simulation results regarding performance and consumption are validated on the basis of reference simulations from the commercial software tool AVL Cruise. Drivability simulations are validated with vehicle measurements from road tests because the accuracy of the used AVL Cruise models is not sufficient enough to take transient effects into account. The results from the developed simulation framework are in very good agreement with the reference simulations and measurements, indicating sufficient model validity for further usage in driving simulators.

Subjective Drivability Evaluations in Driving Simulators

The simulation framework is linked to two driving simulators: the virtual driver's cockpit VFP2 (German: Virtueller Fahrerplatz 2) at Porsche AG and the Stuttgart driving simulator at FKFS and the University of Stuttgart. Other publications that utilize and compare two different driving simulators for drivability evaluations are not known. The VFP2 features a hexapod system with six degrees of freedom, whereas the hexapod of the Stuttgart driving simulator is mounted on a sled system and thus offers eight degrees of freedom.

An operating method for maneuver rendering is developed and optimized for drivability studies by partial automation. This makes use of the full motion range of the driving simulator and also maximizes the reproducibility and convenience of the maneuver execution. The presented operating method is used to evaluate load step responses of different engine variants in several studies conducted with normal and expert drivers.

The first study aims to find the just noticeable difference between vehicle concepts in a driving simulator. For this purpose, the differential perception thresholds for acceleration and the acceleration gradient are determined by systematically varying the full-load torque progression of a naturally-aspirated engine and the charging-air pressure of a turbocharged engine. The study was conducted in the VFP2 with 31 test participants and a scaling factor of 0.5, meaning that all accelerations are rendered with only 50% of their desired magnitude. The obtained values for the perception thresholds are much lower than the usually examined differences between concept variants. This demonstrates the general potential of driving simulators for concept comparisons.

However, very long or dynamic maneuvers make it usually necessary to use lower scaling factors. Therefore, the influence of scaling on the just noticeable acceleration difference is examined in another study. It can be shown that the normalized threshold value increases exponentially with decreasing scaling factors and that this phenomenon conforms to Weber's law in its extended form. Thus, differential perception thresholds obtained in scaled driving simulator studies can be transferred to real world conditions using this relationship.

Furthermore, subjective drivability evaluations are conducted for different variants of a naturally-aspirated and a turbocharged engine. It can be shown that the evaluations are independent from scaling if they are normalized to a reference variant. The conclusion can thus be drawn that drivability should only be evaluated in driving simulators in the form of relative comparisons. The study also shows that the acceleration magnitude impacts drivability evaluations more than twice as much than the acceleration gradient. This can be explained by the lower perception threshold and thus higher sensitivity for acceleration differences. Technical modifications addressing the acceleration magnitude should therefore improve drivability much more effectively.

For validation, the VFP2 and the Stuttgart driving simulator are also compared to real test drives. How precisely powertrain variants can be distinguished within these three environments is analyzed first. In the VFP2 at a scaling factor of 0.5, the variants can not be distinguished as well as in the Stuttgart driving simulator, where the maneuvers are rendered without scaling. This is in agreement with the aforementioned effect of scaling on the differential threshold as described by the extended Weber's law. It is notable that powertrain differences can be distinguished better in the Stuttgart driving simulator than in reality. This can be explained by the higher reproducibility and demonstrates the potential of the developed method.

Relative drivability evaluations are conducted next, showing a very good agreement between the two driving simulators and reality. Hence, relative validity of the method can be concluded. Blind trials are also conducted where the test participants do not know which variant they are assessing. A statistically significant influence of psychological effects on the drivability evaluations can be shown. This illustrates another advantage of driving simulators as they enable blind studies without any additional effort and cost.

Finally, a general opinion survey among professional test drivers shows that the main target group of the developed method gives very positive feedback. They regard drivability evaluations in driving simulators as very realistic and useful.

Holistic Evaluation Process for Vehicle Concepts

In this chapter, the obtained findings are joined to an integrated concept evaluation process. One of the main challenges is to design the evaluation process in such a way that it can be easily put into practice with a minimum number of tests in driving simulators. Therefore, an objectification procedure is proposed to enable an automated preselection of the most promising variants. The objectification approach derives from a regression analysis of the data obtained in the driving simulator studies of this thesis. It allows drivability predictions solely based on simulated signals.

Along with the objectified drivability, the objective measures of performance and consumption are also covered by the offline preselection. A great variety of concept alternatives can be examined since the simulation framework presented in the third chapter offers the possibility of automated topology, component and parameter variations. Only the most promising variants are then subjectively evaluated in a driving simulator. This two-staged funnel process leads to a holistically optimized vehicle concept. The combination of objective and subjective evaluation helps with solving the conflict of goals in a balanced way as well as in an efficient way since only one vehicle model is required.

It is then shown how the evaluation process can be embedded into the well-established vehicle development process called V-model. An exemplary application is also shown for illustration purposes.

Conclusion

The last chapter concludes the thesis with a summary of the main findings and an outlook on further research possibilities. The presented simulation framework is currently used at Porsche AG for vehicle concept evaluations. A promising future application would be to link the simulation framework with a SiL (Software-in-the-Loop) simulation. This could offer the possibility to subjectively calibrate control units in driving simulators, which would facilitate further frontloading.

Kurzfassung

Mit der Fahrbarkeit wird die subjektive Wahrnehmung und Beurteilung des Fahrverhaltens eines Fahrzeugs bezeichnet. Sie spielt eine wichtige Rolle für die Kundenzufriedenheit und den Produkterfolg, da sie stark zur Emotionalisierung eines Fahrzeugs beiträgt. Eine subjektive Bewertung der Fahrbarkeit ist in der Konzeptphase allerdings nicht möglich, weil zu diesem frühen Entwicklungszeitpunkt noch keine physischen Prototypen vorliegen. Für eine ganzheitliche Bewertung von Triebstrangkonzepten wäre dies jedoch erforderlich, um das Gesamtoptimum in objektiver *und* subjektiver Hinsicht zu finden.

Diesem Umstand möchte die vorliegende Arbeit durch den Einsatz von Fahrsimulatoren begegnen, da die Fortschritte der Fahrsimulatortechnik mittlerweile auch die Darstellung von recht dynamischen Manövern erlaubt. Ziel ist die Entwicklung eines Simulationsframeworks, welches subjektive Fahrbarkeitsbewertungen bereits in der Konzeptphase mithilfe von Fahrsimulatoren ermöglicht und dadurch einen Frontloading-Beitrag leistet. Im Sinne einer ganzheitlichen Konzeptbewertung sollen jedoch auch die etablierten objektiven Kenngrößen Fahrleistung und Verbrauch Berücksichtigung finden.

Hierzu wird zunächst ein echtzeitfähiges Gesamtfahrzeugmodell aufgebaut. Durch eine modulare Architektur werden automatisierte Variationen von Topologien, Komponenten und Parametern ermöglicht. Eine Modellvalidierung erfolgt anhand von Fahrzeugmessungen und Referenzsimulationen.

Anschließend wird das Simulationsframework mit zwei Fahrsimulatoren gekoppelt: dem Virtuellen Fahrerplatz 2 (VFP2) der Porsche AG und dem Stuttgarter Fahrsimulator des FKFS und der Universität Stuttgart. Es wird eine Betriebsmethodik zur Manöverdarstellung vorgestellt, auf deren Basis verschiedene Motorvarianten hinsichtlich ihrer Lastsprungreaktionen in mehreren Probanden- und Expertenstudien analysiert werden. Dabei werden neben subjektiven Fahrbarkeitsbewertungen auch die minimal wahrnehmbaren Konzeptunterschiede im Fahrsimulator untersucht. Zur Validierung erfolgt zudem ein Vergleich mit realen Fahrversuchen. Die gewonnenen Erkenntnisse werden abschließend zu einem durchgängigen Bewertungsprozess zusammengeführt.

1 Einleitung

1.1 Motivation

Subjektiv wahrgenommene Fahrzeugeigenschaften haben einen großen Einfluss auf die Kaufentscheidung und die Zufriedenheit der Kunden. So liegt nach Renz [152] das Verhältnis emotionaler zu rationaler Beweggründe beim Fahrzeugkauf bei etwa 70 : 30. Auch Roth sieht die Entscheidungsfindung durch subjektive Kriterien geprägt: „Vernunft und Verstand allein, ohne Gefühle, bewegen nichts; Gefühle haben bei der Handlungssteuerung das erste und das letzte Wort" [159]. Eine große Rolle bei der Emotionalisierung des Fahrzeugs und somit bei der Markendifferenzierung spielt die Fahrbarkeit. Sie bezeichnet in der Fahrzeugentwicklung die subjektive Wahrnehmung und Beurteilung des Fahrverhaltens und Fahrgefühls. Die Fahrbarkeit wird dabei im Wesentlichen durch den empfundenen Grad an Fahrkomfort und Fahrspaß bestimmt [26, 224]. Sie hat maßgeblichen Einfluss auf den Fahrzeugcharakter bzw. das Fahrerlebnis im Allgemeinen.

In der Fahrzeugentwicklung wird die Fahrbarkeit typischerweise durch professionelle Testfahrer und Applikationsingenieure anhand von Versuchsfahrten in Prototypenfahrzeugen bewertet [100]. Da zu diesem Zeitpunkt der Konzeptentscheid schon längst feststeht, können in der Regel nur noch applikative Maßnahmen und allenfalls geringfügige Änderungen an den Triebstrangkomponenten vorgenommen werden. Im Gegensatz dazu ist in der Konzeptphase der Gestaltungsspielraum deutlich größer und der mit Änderungen verbundene Kostenaufwand um ein Vielfaches geringer. Deshalb ist es sinnvoll, die Fahrbarkeit möglichst frühzeitig zu bewerten und abzusichern. Allerdings sind Untersuchungen zur subjektiven Wahrnehmung des Fahrverhaltens in der frühen Phase meist nicht möglich, weil physische Fahrzeugprototypen zu diesem Zeitpunkt noch nicht oder nur zu äußerst hohen Kosten verfügbar sind.

Diesem Umstand kann mit dynamischen Fahrsimulatoren begegnet werden, denn die Fortschritte in der Fahrsimulatortechnik ermöglichen mittlerweile

© Der/die Autor(en), exklusiv lizenziert durch
Springer Fachmedien Wiesbaden GmbH, ein Teil von Springer Nature 2021
E. Baumgartner, *Frontloading durch Fahrbarkeitsbewertungen in Fahrsimulatoren*, Wissenschaftliche Reihe Fahrzeugtechnik
Universität Stuttgart, https://doi.org/10.1007/978-3-658-36308-6_1

auch die Darstellung von recht dynamischen Manövern. Damit stellen Fahrsimulatoren eine vielversprechende Möglichkeit dar, um Konzeptvarianten frühzeitig hinsichtlich ihres Fahrverhaltens subjektiv zu beurteilen. Sie können als erlebbare digitale Prototypen und somit als Versuchsträger für neue Technologien und Triebstrangkonfigurationen in der Konzeptphase fungieren.

Die vorliegende Arbeit möchte durch Fahrbarkeitsbewertungen in Fahrsimulatoren einen Beitrag zum Frontloading leisten und die Konzeptphase durch die Hinzunahme der subjektiven Bewertungsdimension bereichern. Unter Frontloading versteht man dabei das Vorziehen von wichtigen Entwicklungsumfängen in die frühe Phase, um spätere kostenintensive Produktänderungen zu minimieren und den Reifegrad in der Konzeptphase zu erhöhen. Dadurch kann die Produktqualität verbessert werden bei gleichzeitiger Reduktion von Entwicklungszeit und Kosten.

1.2 Problemstellung

Um die Fahrbarkeit in Fahrsimulatoren bewerten zu können, müssen mehrere Voraussetzungen und Anforderungen erfüllt werden. So muss das Fahrverhalten des zukünftigen Fahrzeugmodells zunächst einmal möglichst genau prognostiziert werden, bevor es im Fahrsimulator wiedergegeben werden kann. Folglich ist der Aufbau eines Gesamtfahrzeugmodells erforderlich, das hinsichtlich der Fahrbarkeit eine ausreichende Modellierungstiefe aufweist. Zudem muss das Simulationsmodell für den Fahrsimulatorbetrieb echtzeitfähig sein. Besondere Bedeutung kommt dem Nachweis der Übertragbarkeit von Ergebnissen auf Realfahrzeuge zu. Dies ist die Grundvoraussetzung zur Nutzung der Simulationsmethode und etwaige Einschränkungen müssen identifiziert und berücksichtigt werden. Darüber hinaus ist für die Einsetzbarkeit und Akzeptanz der Simulationsmethode entscheidend, dass sie sich gut in bestehende Prozesse der Konzeptentwicklung integrieren lässt. Dieser Aspekt bedingt weitere Anforderungen an das zu entwickelnde Simulationsframework, die in Abbildung 1.1 zusammengefasst sind und nun näher erläutert werden.

Typischerweise werden Gesamtfahrzeugsimulationen in der Konzeptphase zur Bewertung des Verbrauchs und der Fahrleistung genutzt [216]. Die Fahrleis-

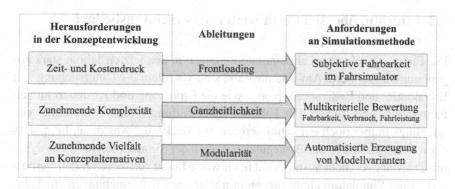

Herausforderungen in der Konzeptentwicklung	Ableitungen	Anforderungen an Simulationsmethode
Zeit- und Kostendruck	Frontloading	Subjektive Fahrbarkeit im Fahrsimulator
Zunehmende Komplexität	Ganzheitlichkeit	Multikriterielle Bewertung Fahrbarkeit, Verbrauch, Fahrleistung
Zunehmende Vielfalt an Konzeptalternativen	Modularität	Automatisierte Erzeugung von Modellvarianten

Abbildung 1.1: Aus den Herausforderungen in der Konzeptentwicklung abgeleitete Anforderungen an das zu entwickelnde Simulationsframework

tung bezeichnet in diesem Kontext die längsdynamische Performance eines Fahrzeugs. Im Sinne einer ganzheitlichen Konzeptbewertung sollte das zu entwickelnde Simulationsframework neben der subjektiven Fahrbarkeit im Fahrsimulator auch die typischen Bewertungsgrößen Verbrauch und Fahrleistung abdecken, um sich gut in bestehende Prozesse und Strukturen einzufügen. Solch holistische Ansätze werden immer wichtiger angesichts der Zunahme an komponentenübergreifenden Funktionen im Fahrzeug und den damit einhergehenden Wechselwirkungen. Das Auflösen von Zielkonflikten und Finden des Gesamtoptimums lässt sich durch die gleichzeitige Bewertung von Fahrbarkeit, Verbrauch und Fahrleistung beschleunigen. Somit stellt die Erfüllung dieser Anforderung einen weiteren nennenswerten Frontloading-Beitrag dar.

Weiterhin ist zu beachten, dass die Konzeptentwicklung geprägt ist durch das iterative Bewerten und Vergleichen zahlreicher Konzeptvarianten. Durch die Elektrifizierung des Antriebsstrangs hat sich die Anzahl der möglichen Varianten drastisch erhöht. Um die große Variantenvielfalt beherrschbar zu machen, soll das zu entwickelnde Simulationsframework verschiedenste Triebstrangkonfigurationen automatisiert erzeugen können – sowohl diverse konventionelle und elektrische Topologien als auch Parallel-, Seriell- und Misch-Hybride. Die Erfüllung dieser Anforderung fördert die Akzeptanz der Simulationsmethode, weil sie dann schnell und flexibel für unterschiedlichste Konzeptideen und Fragestellungen eingesetzt werden kann.

1.3 Literaturübersicht und weiterer Forschungsbedarf

Die Einsatzzwecke von Fahrsimulatoren haben in den letzten Jahren stark zugenommen. Etablierte Anwendungsfälle sind vor allem die Untersuchung von Ergonomie- und Bedienkonzepten sowie die Erprobung und Absicherung von Fahrerassistenzsystemen. Für Fahrbarkeitsbewertungen sind Fahrsimulatoren allerdings immer noch ein kaum verbreitetes Werkzeug, was daran liegt, dass bis vor einigen Jahren das Bewegungspotential der Simulatoren für solch dynamische Manöver nicht ausreichend hoch war. Mit der fortschreitenden Verbesserung der Simulatortechnik rücken nun aber auch Untersuchungen zur Fahrbarkeit allmählich in den Fokus.

Die in der Literatur beschriebenen Untersuchungen hierzu konzentrieren sich weitestgehend auf die vertikal- oder querdynamische Fahrbarkeit. So werden beispielsweise das Lenkverhalten [65, 85] und die Handling-Eigenschaften [86] sowie Änderungen des Eigenlenkverhaltens durch Torque-Vectoring [57] im Fahrsimulator untersucht. Zudem wird die Bewertung verschiedener Reifeneigenschaften [112] und der Einfluss der Schräglaufsteifigkeit auf die Gierreaktion [23, 25] näher betrachtet. Auch die subjektive Beurteilung fahrbahninduzierter Gier- und Wankbewegungen [135] sowie der Einfluss verschiedener Fahrwerkseinstellungen [83] und instationären Seitenwinds [108] auf das Fahrverhalten werden im Fahrsimulator analysiert.

Für die Triebstrangauslegung spielen quer- und vertikaldynamische Aspekte kaum eine Rolle. Die längsdynamische Fahrbarkeit wird jedoch vergleichsweise selten im Fahrsimulator untersucht, was daran liegt, dass die für Triebstrangbewertungen relevanten Manöver, wie Volllastbeschleunigungen und Lastsprünge, meist besonders hohe und lang andauernde Beschleunigungswerte aufweisen. Entsprechend stellen solche Anwendungsfälle höchste Anforderungen an das Bewegungspotential heutiger Fahrsimulatoren, wie auch durch Mohajer et al. [129] und Schöner et al. [173] festgestellt.

Möllmann führt im Fahrsimulator eine Machbarkeitsstudie zu längsdynamischen Fahrbarkeitsuntersuchungen durch und verwendet dafür einen Simulator mit 6 Freiheitsgraden (DoF, degrees of freedom) [128]. Erler et al. untersuchen anhand einer Probandenstudie in einem longitudinalen 3-DoF-Simulator die Wahrnehmung von Antriebsstrangschwingungen bei Lastwechseln

[48]. Schlüter et al. führen Probandenstudien auf der Straße und im Stuttgarter Fahrsimulator mit 8 DoF durch [168, 169]. Dabei wird eine Methodik zur Objektivierung längsdynamischer Fahrbarkeitsbewertungen entwickelt. Wiedemann untersucht die kundenrelevanten Bereiche der Quer-, Vertikal- und Längsdynamik in einem 6-DoF-Simulator [217]. Er führt im Zuge dessen auch eine Machbarkeitsstudie zum Einsatz von galvanischen vestibulären Stimulationen (GVS) durch. Hierbei werden künstliche Beschleunigungseindrücke durch elektrische Stromimpulse erzeugt, die mithilfe von Elektroden am Schläfenbein ins Gleichgewichtsorgan eingebracht werden.

Wenngleich die soeben aufgeführten Literaturstellen das längsdynamische Fahrverhalten im Fahrsimulator betrachten, liegt ihr Fokus dennoch nicht auf der Entwicklung eines Simulationsframeworks zur Triebstrangbewertung. So werden meist auch keine simulierten Beschleunigungssignale im Fahrsimulator wiedergegeben, sondern lediglich bei Straßenmessungen aufgezeichnete oder synthetisch generierte Verläufe. Der Frontloading-Beitrag ist in diesen Fällen naturgemäß begrenzt.

Nichtsdestotrotz sind diese Ansätze in Tabelle 1.1 zur Ergänzung mitaufgeführt. Diese Tabelle gibt einen Überblick über relevante Veröffentlichungen hinsichtlich ganzheitlicher Simulationsumgebungen zur Antriebsstrangauslegung. Dabei wird auch der Erfüllungsgrad der eingangs beschriebenen Anforderungen visualisiert. Die Übersicht zeigt, dass bereits (Teil-)Lösungen für die multikriterielle Bewertung und automatisierte Erzeugung von Topologievarianten existieren. So dienen auch die von Basler [7] und Zimmer [228] beschriebenen Ansätze als Ausgangspunkt für die in dieser Arbeit umgesetzten modelltechnischen Lösungswege. Tabelle 1.1 verdeutlicht aber auch, dass noch Forschungsbedarf besteht hinsichtlich eines ganzheitlichen Simulationsframeworks, das all die eingangs geforderten Merkmale in sich vereint.

Das gesetzte Forschungsziel ist somit ein topologievariates und multikriterielles Simulationsframework, das Antriebsstrangkonzepte in Fahrsimulatoren subjektiv erlebbar macht. Es soll eine übergreifende, gesamthafte Auflösung von Zielkonflikten ermöglichen ohne eine Limitierung auf Teilaspekte oder Insellösungen. Die Hinzunahme der subjektiven Bewertungsdimension in die frühe Phase bietet großes Frontloading-Potential und trägt zur Verbesserung der Produktqualität bei.

Tabelle 1.1: Überblick: Simulationsumgebungen zur Triebstrangauslegung

Quelle	Modellierte Topologien			Objektiv(iert)e Bewertung			Subjektive Bewertung
	konventionelle	hybride	elektrische	Verbrauch	Fahrleistung	Fahrbarkeit	Fahrbarkeit im Fahrsimulator
[7]	●[1]	◐[1]	●	●	●	○	○
[228]	●	◐	●	●	●	○	○
[45]	◐	◐	○	●[2]	◐	○	○
[180, 181]	○	●	○	●	○	○	○
[139]	○	○	●	●[2]	◐	○	○
[199, 200]	○	○	●	●[2,4]	●[4]	○	○
[35]	○	○	●	●	●	○	○
[59]	○	◐	○	●[4]	●[4]	○	○
[161]	○	●	○	●	●	○	○
[193, 194]	○	●	●	●	●	○	○
[114]	○	●	●	●	●	○	○
[209]	○	●	●	●	●	○	○
[88, 89]	●	●	●	●[3]	●[3]	○	○
[96]	◐[5]	●[5]	○	●[4]	●[4]	●[4]	○
[195]	◐	○	○	○	●	●	○
[138]	●	●	○	●	●	●	○
[48]	◐[5]	○	○	○	○	○	●[6]
[128]	◐[5]	○	○	○	○	○	●[6]
[168, 169]	◐[5]	○	◐[5]	○	○	●	●[6]
[217]	◐[5]	○	○	○	○	○	●
Forschungsziel	●	●	●	●	●	●	●

○ = nein
◐ = teilweise oder bei Topologie: nur eine Ausprägung
● = ja oder bei Topologie: mehrere Ausprägungen

[1] Die Umfänge wurden in [7] nicht dokumentiert, aber Porsche-intern umgesetzt.
[2] Implementierung in Form einer Rückwärtssimulation.
[3] Implementierung in Form von Meta-Modellen.
[4] Kombination mehrerer Simulationsumgebungen/-methoden als Insellösungen.
[5] Keine/geringe Automatisierung bzgl. der Erzeugung von Topologievarianten.
[6] Eingeschränktes Frontloading, da keine Simulationsergebnisse, sondern Messungen aus Straßenversuchen oder synthetische Verläufe verwendet werden.

1.4 Aufbau der Arbeit

Nachdem die Motivation und Zielsetzung erläutert wurden, soll nun der Aufbau der Arbeit beschrieben werden.

Das folgende **Kapitel 2** vermittelt die Grundlagen bezüglich der relevanten Themengebiete der Arbeit. Neben einem Überblick über die Konzeptentwicklung wird dabei zunächst auf die Bewertungsgrößen Verbrauch und Fahrleistung, danach auf die subjektive und objektivierte Fahrbarkeitsbewertung sowie schließlich auf die Grundlagen der Fahrsimulation eingegangen.

Danach erfolgt in **Kapitel 3** die Entwicklung des Simulationsframeworks. Das geschieht beginnend mit dem Aufbau der einzelnen Komponentenmodelle über das Zusammenfügen zu einem Gesamtfahrzeugmodell bis hin zum Aufbau des übergeordneten Simulationsframeworks, das eine automatisierte Variantenerzeugung ermöglicht. Abschließend werden die Simulationsergebnisse anhand von Referenzsimulationen und Fahrzeugmessungen validiert.

In **Kapitel 4** wird das entwickelte Simulationsframework in zwei dynamischen Fahrsimulatoren erprobt und im Rahmen mehrerer Probanden- und Expertenstudien angewandt. Dafür wird zunächst eine Betriebsmethodik zur Manöverdarstellung erarbeitet. Im Anschluss wird der minimal wahrnehmbare Konzeptunterschied im Fahrsimulator ermittelt, um der Frage nachzugehen, bis zu welchem Grad sich Fahrsimulatoren für Konzeptbewertungen eignen. Daraufhin werden überschwellige Konzeptunterschiede hinsichtlich ihrer Fahrbarkeitscharakteristik untersucht. Als Anwendungsbeispiel für die Methode dienen dabei Lastsprungreaktionen verschiedener Motorvarianten. Schließlich wird die Methode anhand von realen Testfahrten validiert.

Kapitel 5 führt die gewonnenen Erkenntnisse zu einem ganzheitlichen Konzeptbewertungsprozess zusammen, der neben der Fahrbarkeit auch den Verbrauch und die Fahrleistung berücksichtigt.

In **Kapitel 6** schließt die Arbeit mit einer Zusammenfassung der wesentlichen Ergebnisse und einem Ausblick auf künftige Weiterentwicklungspotentiale ab.

2 Grundlagen und Methoden

In diesem Kapitel werden die für diese Arbeit relevanten Grundlagen gelegt. Zuerst geht Abschnitt 2.1 auf Konzeptbewertungen ein. Dabei wird nach einem kurzen Überblick über die Konzeptphase das Vorgehen zur Bewertung von Verbrauch und Fahrleistung näher erläutert, weil dies die klassischen Zielgrößen bei Konzeptbewertungen mithilfe von Gesamtfahrzeugsimulationen sind. Daraufhin widmet sich Abschnitt 2.2 der im Entwicklungsprozess später verorteten Fahrbarkeitsbewertung. Anschließend stellt Abschnitt 2.3 die Grundlagen der Fahrsimulation vor. Hierbei werden zunächst die physiologischen Vorgänge der menschlichen Bewegungswahrnehmung erläutert, welche zum Verständnis der in der Fahrsimulation verwendeten Motion-Cueing-Verfahren wichtig sind. Im Anschluss an die Klassifikation von Fahrsimulatoren werden die in dieser Arbeit genutzten Motion-Cueing-Techniken vorgestellt.

2.1 Konzeptbewertungen

2.1.1 Einordnung in den Entwicklungsprozess

Der Produktentstehungsprozess (PEP) legt alle Phasen und Kernprozesse der Pkw-Entwicklung fest mit dem Ziel einer termin-, qualitäts- und kostengerechten Markteinführung [56, 160]. Die genaue Ausgestaltung hängt dabei von den spezifischen Gegebenheiten der jeweiligen Fahrzeughersteller ab. Die grundsätzliche Struktur ist allerdings gleich und umfasst die Produktdefinition, Konzeptentwicklung und -absicherung, Serienentwicklung, Serienvorbereitung (Anlaufphase) und den Serienhochlauf [76, 160, 228]. Jede dieser Phasen setzt sich wiederum aus Unterphasen zusammen, die durch Meilensteine bzw. sogenannte Quality Gates voneinander abgetrennt sind. Die Quality Gates dienen als Synchronisationspunkte, zu denen der Projektstand anhand fester Kriterien überprüft und zur Weiterführung freigegeben wird [160]. Abbildung 2.1 zeigt die Hauptphasen des PEPs und wichtige Quality Gates.

© Der/die Autor(en), exklusiv lizenziert durch
Springer Fachmedien Wiesbaden GmbH, ein Teil von Springer Nature 2021
E. Baumgartner, *Frontloading durch Fahrbarkeitsbewertungen in Fahrsimulatoren*, Wissenschaftliche Reihe Fahrzeugtechnik Universität Stuttgart, https://doi.org/10.1007/978-3-658-36308-6_2

Abbildung 2.1: Grundsätzliche Struktur des Produktentstehungsprozesses (PEP) mit einigen ausgewählten Meilensteinen [76, 160, 228]

In der Definitionsphase werden die technischen Anforderungen an das Fahrzeug aus Benutzeranforderungen, Absatzmarkt- und Wettbewerberprognosen sowie bestehenden und erwarteten Normen und Gesetzen abgeleitet. Die ermittelten Anforderungen werden im Eigenschaftskatalog des Rahmenhefts festgehalten. Die Eigenschaften beschreiben direkt vom Kunden erlebbare Merkmale des Gesamtfahrzeugs und sind lösungsneutral formuliert [216]. Sie werden hinsichtlich ihrer inhaltlichen Verwandtschaft hierarchisch in Eigenschaftsfelder strukturiert. Beispielsweise kann die Höchstgeschwindigkeit dem Eigenschaftsfeld Fahrleistung zugeordnet werden. Zudem lässt sich eine Unterteilung in „harte" und „weiche" [227] bzw. in objektive und subjektive [167] Eigenschaften vornehmen. Zu den objektiven Merkmalen zählen unter anderem die Eigenschaftsfelder Fahrleistung und Verbrauch, zu den subjektiven z. B. Fahrbarkeit und Design [167]. Wie noch im kommenden Unterabschnitt 2.2.2 erläutert wird, kann die Fahrbarkeit aber auch objektiviert werden, sodass sie dann in eine Art Übergangsbereich fällt. In der Definitionsphase werden bereits die ersten Gesamtfahrzeugsimulationen durchgeführt, um verschiedene Entwurfsvarianten miteinander zu vergleichen und zu bewerten. Am Ende steht ein Grobkonzept, welches die wichtigsten technischen und wirtschaftlichen Eckdaten absteckt. [56, 160]

In der Konzeptphase werden ausgehend vom Eigenschaftskatalog des Rahmenhefts die konkreten physikalischen Zielwerte des Fahrzeugs abgeleitet und im Zielkatalog festgehalten. Für quantifizierbare Eigenschaften können die Zielwerte direkt festgelegt werden, wohingegen für nicht quantifizierbare Eigenschaften stattdessen die wichtigsten Einflussgrößen mit Zielen versehen werden. In diesem Kontext bezeichnen Einflussgrößen im Gegensatz zu Eigenschaften diejenigen Merkmale, die nicht direkt vom Kunden erlebt werden können, wie z. B. die Achslastverteilung [216]. Hierbei müssen alle Zielwerte zueinander plausibilisiert und abgestimmt werden, um Zielkonflikte frühzeitig aufzulösen und um zu verhindern, dass sich einige Ziele aus physikalischen Gründen gegenseitig ausschließen. Das Fahrzeugkonzept wird dabei mittels Gesamtfahrzeugsimulationen Schritt für Schritt weiter konkretisiert und präzisiert. Darüber hinaus werden die Vorgaben des Zielkatalogs simulativ abgesichert und die technische Machbarkeit bestätigt. Die Phase der Konzeptentwicklung und -absicherung endet schließlich mit der Verabschiedung des Lastenhefts, in dem die validierten Zielsetzungen verbindlich für die Serienentwicklung vorgegeben werden. [56, 160]

Im Rahmen der Serienentwicklung werden alle Umfänge des Fahrzeugs vollständig ausgearbeitet und mithilfe von digitalen und realen Prototypen erprobt. Typischerweise wird hierbei auch die Fahrbarkeit subjektiv bewertet und durch applikative Maßnahmen abgestimmt. Anschließend werden während der Serienvorbereitung die Fertigungssysteme vorbereitet und abgesichert. Ergänzend werden auch noch weitere Fahrzeugerprobungen im Rahmen der Vorserie durchgeführt, um die Entwicklungsreife des Fahrzeugs zu bestätigen. Der Serienhochlauf beginnt mit dem SOP (start of production) und endet schließlich mit dem Erreichen der sogenannten Kammlinie, also der Ziel-Produktionskapazität pro Tag.

Die vorliegende Arbeit konzentriert sich auf die Auslegung und Bewertung von Triebstrangkonfigurationen in der Definitions- und Konzeptphase. Klassischerweise werden dabei die Konzeptvarianten mithilfe von Gesamtfahrzeugsimulationen hinsichtlich der Zielgrößen Verbrauch und Fahrleistung bewertet. Auf die beiden Zielgrößen wird deswegen nachfolgend näher eingegangen.

2.1.2 Energieverbrauch

Mit der Zielgröße Verbrauch ist im Kontext dieser Arbeit der Energiebedarf des Fahrzeugs während seiner Nutzung gemeint. Er umfasst sowohl den Verbrauch von Kraftstoff als auch von extern nachgeladener elektrischer Energie. Die Optimierung des Verbrauchs nimmt in der Fahrzeugentwicklung einen zentralen Platz ein. Neben Gesamtfahrzeugsimulationen für Verbrauchsprognosen werden dazu auch zahlreiche Messungen auf Rollenprüfständen und auf der Straße durchgeführt.

Auf Basis des Kraftstoffverbrauchs lassen sich mithilfe der folgenden Faktoren direkt die CO_2-Emissionen berechnen [219]:

- 1 l Benzin entspricht 2,34 kg CO_2 und 8,967 kWh chemischer Energie

- 1 l Diesel entspricht 2,65 kg CO_2 und 9,943 kWh chemischer Energie

Die Unterschiede hinsichtlich der CO_2-Freisetzung und des Energiegehalts resultieren aus den unterschiedlichen Kohlenstoffanteilen der beiden Kraftstoffe. Rein elektrische Fahranteile werden in der Konzeptbewertung als CO_2-frei angesetzt, da die Gesetzgebung Emissionen bei der Stromerzeugung nicht berücksichtigt.

Der Verbrauch hängt von zahlreichen Einflussfaktoren ab, z. B. Fahrstil, Fahrprofil, Nebenverbraucherlast, Umgebungsbedingungen, Zuladung, Bereifung, Fahrbahnoberfläche, Steigungsprofil, Kurvenradien usw. Der Durchschnittsverbrauch ist folglich in hohem Maße kundenindividuell. Um verschiedene Fahrzeugmodelle dennoch hinsichtlich ihres Verbrauchs miteinander vergleichen zu können, wurden vom Gesetzgeber standardisierte Prüfprozeduren zur Verbrauchsbestimmung definiert. Sie unterscheiden sich in den einzelnen Ländern und sollen nun für die wichtigsten Absatzmärkte näher betrachtet werden.

In der EU wurde der NEFZ (Neuer Europäischer Fahrzyklus) im September 2018 für alle Neufahrzeuge vom WLTP (Worldwide harmonized Light duty Test Procedure) abgelöst. Die WLTP-Prüfvorschriften werden in Abhängigkeit des Leistungsgewichts in drei verschiedene Klassen unterteilt. Fahrzeuge mit mehr als 34 W/kg Leistungsgewicht gehören zur Klasse 3, was für beinahe alle Fahrzeuge zutrifft [49]. Für diese Klasse besteht der dazugehörige Fahrzyklus WLTC (Worldwide harmonized Light duty Test Cycle) aus den vier Teilabschnitten low, medium, high und extra high speed. Plug-in-Hybride, also Hybride mit extern aufladbarer Batterie, werden sowohl mit voller Batterie im Charge-Depleting-Modus als auch mit dem Mindestladezustand im Charge-Sustaining-Modus getestet. Die beiden Verbräuche werden miteinander verrechnet, wobei eine Gewichtung in Abhängigkeit der elektrischen Reichweite vorgenommen wird. Zudem gilt ab Januar 2020 in der EU ein CO_2-Flottengrenzwert von 95 g/km, allerdings auf NEFZ-Basis. Die im WLTP gemessenen CO_2-Emissionen können über ein Korrelationsverfahren namens CO_2MPAS auf NEFZ-Werte umgerechnet werden. [49, 136]

Auch wenn der WLTP ursprünglich als weltweiter Standard angedacht war, sind in den USA nach wie vor die Standards Tier 3 und LEV III gültig. Die für Verbrauchsangaben relevante Prüfprozedur basiert dabei auf fünf verschiedenen Fahrzyklen [136]:

- FTP-75 (Federal Test Procedure, Stadt-Zyklus),

- HWFET (Highway Fuel Economy Test),

- SFTP US06 (Supplemental Federal Test Procedure für höhere Geschwindigkeiten und Beschleunigungen),

- SFTP SC03 (Klimatisierungstest bei 35 °C),

- Cold Cycle (FTP-75 bei −7 °C).

Die Verbrauchs- und Emissionsvorschriften in China basieren zu einem großen Teil auf europäischen, kombiniert mit amerikanischen und eigenen regulatorischen Anforderungen. Der NEFZ wurde ebenfalls vom WLTC abgelöst. Allerdings arbeitet China aktuell an einem zusätzlichen eigenen Fahrzyklus, dem CATC (China Automotive Testing Cycle). [136]

Auch in Japan wurde die WLTP-Prüfprozedur eingeführt. Auf den vierten Abschnitt des WLTC, der Extra-High-Speed-Phase, wird jedoch verzichtet, weil verkehrsbedingt in Japan die Motorisierungen und die gefahrenen Geschwindigkeiten im Durchschnitt niedriger sind [49].

2.1.3 Fahrleistung

Die Fahrleistung bezeichnet je nach Kontext die längsdynamische Performance oder die Summe der in einem Jahr gefahrenen Kilometer eines Fahrzeugs. In dieser Arbeit ist stets die erstgenannte Bedeutung gemeint. Die Fahrleistung wird durch charakteristische Kennwerte beschrieben, wie die Höchstgeschwindigkeit v_{max} sowie diverse Beschleunigungszeiten für Sprint-, Durchzugs- und Elastizitätsbeschleunigungen sowie die Steigfähigkeit.

Die Sprint-Beschleunigungszeit gibt die minimale Zeit an, in welcher das Fahrzeug aus dem Stand auf eine bestimmte Geschwindigkeit (z. B. 100 km/h) bei Windstille und in der Ebene beschleunigt werden kann. Durchzugs- und

Elastizitätsbeschleunigungen erfolgen hingegen ausgehend von einer positiven Startgeschwindigkeit. Mit Durchzug werden dabei Beschleunigungen bezeichnet, bei denen ein Automatikgetriebe die Gangwahl übernimmt. Im Gegensatz dazu erfolgen Elastizitätsbeschleunigungen ohne Gangwechsel, das heißt mit Handschaltgetrieben oder bei Automatikgetrieben in der manuellen Gasse [219]. Dafür wird üblicherweise der „$v_{max} - 1$"-Gang gewählt, also ein Gang unter dem Gang, in dem die Höchstgeschwindigkeit erreicht wird.

Die Fahrleistungsmanöver werden bei Messungen und Gesamtfahrzeugsimulationen nach den Vorgaben der DIN 70020 [40] durchgeführt. Die wichtigsten Fahrleistungskennwerte sind:

- die Höchstgeschwindigkeit v_{max},

- Sprints: 0–100 km/h, 0–200 km/h, 0–60 km/h, 0–60 mph, Quarter-Mile,

- Durchzug und Elastizitäten: 80–120 km/h, 100–200 km/h,

- Anfahrsteigfähigkeit und maximale Dauersteigfähigkeit pro Gang.

Bei Plug-in-Hybriden werden die Kennwerte sowohl für den rein elektrischen als auch den hybridischen Betrieb ermittelt. Zudem ist für den elektrischen Betrieb zu untersuchen, inwieweit die Fahrleistungswerte reproduzierbar sind. So kann es vor allem aufgrund von hohen Bauteiltemperaturen zu Derating und einem damit verbundenen Leistungsabfall der Hochvolt-Komponenten kommen, was wiederum die Fahrleistungswerte verschlechtert.

2.2 Fahrbarkeit

Die subjektive Wahrnehmung und Beurteilung des Fahrzeugverhaltens ist abhängig von einer Vielzahl an Einflussfaktoren. Dieser Themenkomplex und Untersuchungsgegenstand lässt sich mit dem Begriff „Fahrbarkeit" umschreiben. Laut [93] kann Fahrbarkeit verstanden werden als „die Geschmeidigkeit der Fahrzeugbedienung nach dem Willen des Fahrers unter allen Fahrbedingungen" oder anders ausgedrückt, ob sich das Fahrzeug so verhält, wie es der Kunde erwartet. Nach [26, 224] wird Fahrbarkeit durch den vom Kunden empfundenen Grad an Fahrspaß und Fahrkomfort charakterisiert. Zudem verbinden

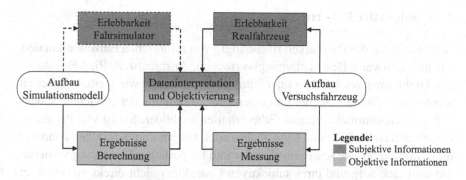

Abbildung 2.2: Möglichkeiten zur objektiven und subjektiven Informationsgewinnung für Fahrbarkeitsbewertungen nach [217]

[123] und [167] mit Fahrbarkeit das Empfinden eines positiven Gefühls der Bequemlichkeit, Behaglichkeit und Sicherheit beim Fahren. Dazu gehört auch, dass der Fahrer möglichst wenig von den komplexen technischen Vorgängen im Fahrzeug mitbekommt [123].

Die Fahrbarkeit stellt ein bedeutendes Element der Produktqualität und Kundenzufriedenheit dar und trägt wesentlich zur Differenzierung der Marke bei [113]. Zudem beeinflusst sie auch die Fahrsicherheit, da sie nicht nur die Fahrzeugreaktion auf eine Fahrereingabe bestimmt, sondern auch die Rückmeldungen über die aktuelle Fahrsituation [26]. Folgerichtig nimmt die Fahrbarkeit in der Fahrzeugentwicklung eine wichtige Rolle ein.

Eine Übersicht über Möglichkeiten zur Bewertung der Fahrbarkeit gibt Abbildung 2.2. Subjektive Beurteilungen können basierend auf der herkömmlichen Herangehensweise in realen Prototypen durchgeführt werden. Die Nutzung von Fahrsimulatoren für diesen Zweck stellt den Forschungsgegenstand dieser Arbeit dar und ist gestrichelt dargestellt. Darüber hinaus lassen sich Prognosen über die subjektive Wahrnehmung anstellen auf Basis objektiver Informationen aus Messungen oder Berechnungen. Diese sogenannte Objektivierung stellt demnach eine Kombination der subjektiven und objektiven Informationszweige dar. Nachfolgend werden nun die Methoden zur subjektiven und objektivierten Bewertung der Fahrbarkeit näher vorgestellt.

2.2.1 Subjektive Bewertungen

Die Bewertung der Fahrbarkeit ist abhängig von zahlreichen Einzelmerkmalen, wie beispielsweise Beschleunigungsvermögen, Ansprechzeit, Ruckeln, etwaigen Drehmomenteinbrüchen oder Vibrationen. Diese sowie weitere Kriterien werden vom Fahrer bewertet und unterbewusst miteinander gewichtet, sodass sich eine Gesamtmeinung zum Fahrverhalten ausbildet. Sie ist von Person zu Person unterschiedlich und kann zudem auch bei ein und demselben Fahrer je nach Stimmungslage sowie emotionaler und körperlicher Verfassung variieren. Sie lässt sich aufgrund ihres subjektiven Charakters nicht direkt messen oder beobachten, weswegen auch vom latenten Konstrukt Fahrbarkeit gesprochen werden kann [113].

Die Erfassung der Fahrbarkeit erfolgt durch gezielte Befragung des Fahrers nach seinen persönlichen Eindrücken. Dies kann verbal oder mithilfe von Fragebögen geschehen. Um die Vergleichbarkeit der Angaben zu erhöhen, wird die Fahrbarkeit in der Regel mithilfe einer Bewertungsskala numerisch quantifiziert. In der Fahrzeugindustrie hat sich hierfür die ATZ-Skala auf breiter Basis durchgesetzt. Die Namensgebung geht zurück auf die erstmalige Veröffentlichung in der Automobiltechnischen Zeitschrift von Aigner [1] im Jahr 1982. Oftmals wird sie auch *BI*-Skala genannt (für Bewertungsindex). Die Skala wird sowohl für gesamthafte Fahrbarkeitsbewertungen angewandt als auch bei detaillierten Einzelkriterien. Die genaue Ausgestaltung der Skala kann je nach Quelle und Anwendungsfall variieren. In allen Fällen handelt es sich aber um eine unipolare Rating-Skala mit zehn Ankern. Tabelle 2.1 gibt die ATZ-Skala nach [84] wieder und als Interpretationshilfe enthält sie zudem auch ergänzende Angaben über das zu erwartende Kundengefühl nach [43].

Um die Urteilsfindung zu erleichtern, wird das ATZ-Bewertungsschema oftmals in Form einer Zwei-Ebenen-Intensitätsskala (ZEIS) angewandt [2]. Das heißt, die Entscheidung erfolgt in zwei Stufen. Im ersten Schritt wird entschieden, ob das Fahrverhalten dem gängigen Industriestandard genügt. Ist dies gegeben, so werden Bewertungsindizes zwischen 5 und 10 vergeben [84]. Andernfalls erfolgt eine Einordnung in den Bereich zwischen 1 und 4 [84], was einem nicht annehmbaren Fahrverhalten entspricht und einer Nachbesserung bedarf, bevor die Serienfreigabe erteilt werden kann. Bei wichtigen Fahrbarkeitskriterien setzen Fahrzeughersteller die Projekterfolgsschwelle allerdings

Tabelle 2.1: ATZ-Skala zur Bewertung von Fahrbarkeitskriterien [43, 84]

Bewertungs-index (*BI*)	Fahrbarkeitsbewertung	Kundengefühl
10	derzeit optimal	begeistert
9	sehr gut	positiv überrascht
8	gut	voll zufrieden
7	noch gut	noch zufrieden
6	befriedigend	leicht enttäuscht
5	genügend	stark enttäuscht
4	mangelhaft	massiv unzufrieden
3	schlecht	verärgert
2	sehr schlecht	stark verärgert
1	völlig ungenügend	extrem verärgert

oft höher an [100]. Im zweiten Schritt der Urteilsfindung erfolgt eine differenziertere Bewertung. Die Note wird dann konkretisiert und kann bis auf eine Nachkommastelle genau vergeben werden [1].

Die Bewertung wird meist auf die Fahrzeugklasse bezogen, weil sich mit ihr die Erwartungshaltung des Kunden verändert. Beispielsweise darf ein Kleinwagen mit der Note 7 mehr Störfaktoren aufweisen als eine Oberklasselimousine mit demselben *BI*-Wert [84]. Das Fahrzeugsegment beeinflusst aber nicht nur die Höhe des *BI*-Werts, sondern auch die Gewichtung einzelner Teilaspekte zueinander. So gilt ein härter abgestimmtes Fahrwerk bei einem Sportwagen als authentisch und direkt, wohingegen bei einem SUV meist eine weichere Federung bevorzugt wird. Zugunsten der Sportlichkeit kann der Kunde bereit sein auf Komfort zu verzichten. Somit können zum Beispiel auch härtere, ruppige Lastwechsel toleriert oder sogar gewünscht werden [100, 128]. Zudem ist eine Abhängigkeit der Kundenwünsche vom Absatzmarkt zu beobachten. In den USA legen Kunden vor allem Wert auf eine komfortable Konstantfahrt (Cruisen), in Europa eher auf ein dynamisches Beschleunigungsverhalten und in Japan vor allem auf Laufruhe und Leerlaufqualität [167]. Solche Phänomene sind bei der Interpretation von Fahrbarkeitsbewertungen zu berücksichtigen.

Zudem unterliegen die *BI*-Ergebnisse auch einem zeitlichen Drift, weil sich der Industriestandard und damit die Erwartungshaltung der Kunden aufgrund von technologischen Weiterentwicklungen fortlaufend erhöht. Eine Abwertung um ca. 0,5 *BI*-Punkte über einen Zeitraum von 2 Jahren kann als Orientierungswert, insbesondere für die Komfortdisziplinen, herangezogen werden. [84]

In der Fahrzeugentwicklung werden Fahrbarkeitsanalysen in der Regel von erfahrenen Versuchsingenieuren durchgeführt [84]. Aber auch Befragungen von Normalfahrern im Rahmen von Probandenstudien haben sich bewährt. Für solche Untersuchungen ist allerdings ein größeres Personenkollektiv erforderlich als mit professionellen Versuchsfahrern, weil die Aussagen von Normalfahrern meist eine geringere Wiederholsicherheit [2, 105] und eine größere Streuung untereinander [84, 100, 105, 107, 167] aufweisen.

Die Versuchsrandbedingungen üben einen nicht zu vernachlässigenden Einfluss auf die Fahrbarkeit aus. So verändert beispielsweise die Luftdichte die angesaugte Sauerstoffmenge eines Verbrennungsmotors und damit die verfügbare Leistung. Die übertragbaren Reifenkräfte und Fahrwiderstände hängen von der Witterung, Temperatur, Fahrbahnbeschaffenheit sowie weiteren Faktoren ab. Auch baugleiche Fahrzeuge derselben Modellreihe können sich aufgrund von Schwankungen der Produktqualität etwas unterschiedlich verhalten [1]. Aus all diesen Gründen ist es wichtig, die Versuchsbedingungen möglichst vergleichbar zu halten und zu protokollieren.

Zur Bewertung der Fahrbarkeit haben sich einige elementare Fahrmanöver etabliert, auf welche die Untersuchungen während der Fahrzeugentwicklung üblicherweise heruntergebrochen werden. Da in dieser Arbeit der Fokus auf der Auslegung des Antriebsstrangs liegt, werden nur längsdynamische Manöver betrachtet. Die wichtigsten während der Fahrzeugentwicklung sind:

- Anfahren,

- Volllastbeschleunigung,

- Teillastbeschleunigung/Dosierbarkeit,

- Lastsprünge und Lastwechsel,

- Schub und Konstantfahrt,

- Segeln.

In der frühen Konzeptphase konzentrieren sich die Analysen laut [81] in der Regel auf die folgenden Fahrszenarien:

- Startperformance beim Anfahren aus dem Leerlauf oder Start-Stopp,

- positive Lastsprünge auf 100 % Fahrpedalstellung mit gehaltenem Gang aus Konstantfahrten kommend.

Da in der Konzeptphase noch keine Prototypenfahrzeuge zur Verfügung stehen, erfolgen die Fahrbarkeitsuntersuchungen rein simulativ mittels diverser Objektivierungsverfahren, auf die nachfolgend näher eingegangen wird.

2.2.2 Objektivierte Bewertungen

Um auch ohne Subjektivbewertungen und den damit verbundenen Versuchsaufwand eine Indikation über die Fahrbarkeit fällen zu können, wurden in den vergangenen Jahrzehnten verschiedene Objektivierungsverfahren entwickelt. Sie haben alle miteinander gemein, dass sie das Subjektivurteil allein auf Basis von objektiv messbaren Kenngrößen prognostizieren. Dafür müssen zunächst objektive Kennwerte identifiziert werden, deren Variation bei gleichbleibender Fahrsituation die Variation der Subjektivbewertung bestimmen [110]. Für diese Größen wird dann ein mathematischer Zusammenhang ermittelt, der für alle Fahrer oder für einen bestimmten Nutzerkreis gelten soll.

Die Objektivierung ist im Grunde genommen also die Modellierung der menschlichen Fahrbarkeitsbeurteilung durch die Verknüpfung zweier Datenmengen, nämlich die der objektiven Messsignale (Prädiktorvariablen) und die der subjektiven Bewertungen (Kriteriumsvariablen) [2]. Sobald der Zusammenhang dieser beiden Datenmengen einmalig ermittelt wurde, können danach Prognosen zur Fahrbarkeit allein auf Grundlage von gemessenen oder simulierten Kenngrößen gemacht werden. Für die Objektivierung können multiple lineare Regressionsmodelle oder künstliche neuronale Netze eingesetzt werden.

Ein Beispiel für ein weit verbreitetes und auch in dieser Arbeit zu Testzwecken genutztes Objektivierungswerkzeug ist das kommerzielle Tool AVL Drive der AVL List GmbH. Es erfasst mithilfe einer CAN-Schnittstelle und verschiedener Sensoren zahlreiche objektive Messgrößen während der Fahrt [167]. Alternativ können auch Daten aus Prüfstandsmessungen oder Simulationen eingespeist werden. Die Signale werden gefiltert und anschließend anhand bestimmter Triggerbedingungen mittels Fuzzylogik automatisiert in einzelne Betriebszustände, z. B. Konstantfahrt, Lastsprung oder Schalten, unterteilt [5, 167]. Jeder Betriebszustand wird daraufhin anhand bestimmter Kriterien durch ein künstliches neuronales Netz bewertet. Zu den Kriterien für ein Lastsprungmanöver gehören z. B. das Ruckeln, die Ansprechverzögerung, der Lastschlag und Drehmomentenaufbau [5]. Die Einzelbewertungen werden schließlich gewichtet und zu einer Gesamtnote gemäß der ATZ-Skala miteinander verrechnet. [5, 100, 167]

Objektivierungsverfahren nehmen in der Fahrzeugentwicklung einen wichtigen Platz ein. Sie kommen sowohl in der Konzeptphase zum Einsatz, wenn noch keine physischen Prototypen existieren, als auch in späteren Entwicklungsphasen, um die Applikateure bei der Bedatung der Steuerungs- und Regelungsalgorithmen zu unterstützen. Dennoch sollten und können sie subjektive Beurteilungen durch den Menschen niemals vollständig ersetzen.

So unterstellen korrelative Objektivierungsansätze, dass ein linearer Zusammenhang vorliegt, da nur ein solcher durch die Korrelation erschöpfend erfasst wird [110]. Für die Modellierung der menschlichen Fahrbarkeitsbewertung, also eines hochgradig nichtlinearen Zusammenhangs, ist das eine stark vereinfachende Annahme [2]. Dieses Problem kann zwar mit künstlichen neuronalen Netzen umgangen werden, aber mit ihrer Blackbox-Charakteristik gehen wiederum neue Schwierigkeiten einher. Zudem geht bei objektivierten Bewertungen die Individualität und Varianz der Ergebnisse verloren [2]. Einerseits kann das zwar auch von Vorteil sein, weil es beispielsweise die Weiterverarbeitung der Daten vereinfacht. Andererseits geht damit aber auch ein nicht unerheblicher Informationsverlust einher. So ist eine große interindividuelle Streuung in den Bewertungen ein starkes Indiz dafür, dass das untersuchte Merkmal kontrovers beurteilt wird. Für eine zielgruppenspezifische Fahrbarkeitsabstimmung und bei der Markendifferenzierung bedarf solch ein Merkmal besonderer Beachtung.

So wie im sprichwörtlichen Sinne ein Bild mehr sagt als Tausend Worte, ist eine persönliche Probefahrt eindrucksvoller als eine Ansammlung von Kennzahlen. Dementsprechend bietet der subjektive Fahrversuch gegenüber den Objektivierungsverfahren den Vorteil, dass er auch zu Demonstrationszwecken genutzt werden kann, wie zum Beispiel für Entscheidungsträger. In der frühen Konzeptphase, wenn die weitreichendsten Entscheidungen getroffen werden, wäre dies besonders wertvoll. Zu diesem Zeitpunkt können das allerdings nur dynamische Fahrsimulatoren ermöglichen.

Letztendlich kann also festgehalten werden, dass sowohl subjektive als auch objektivierte Bewertungen ihre eigenen Vor- und Nachteile aufweisen. Im Sinne eines ganzheitlichen Ansatzes sollten deswegen beide Verfahren im PEP eingesetzt werden, um sich gegenseitig bestmöglich zu ergänzen.

2.3 Fahrsimulation

2.3.1 Menschliche Bewegungswahrnehmung

Der Mensch nimmt seine Umgebung, aber auch den Zustand seines eigenen Körpers, über seine Sinnesorgane wahr. Die äußeren und inneren physikalischen Reize werden dabei von Sinnesrezeptoren in elektrische Signale umgewandelt und über Nervenfasern an das Gehirn übermittelt. Die verschiedenen Sinnessignale werden dort schließlich verarbeitet und interpretiert. Die meisten Signale liegen dabei redundant vor, können jedoch je nach Situation teilweise mehrdeutig, unvollständig oder gar widersprüchlich sein. Sie werden deswegen gefiltert, gewichtet, mit früheren Erfahrungen verglichen und zu einem kohärenten Gesamteindruck kombiniert. Diesen Vorgang nennt man Integration und das Ergebnis dessen Wahrnehmung oder Perzeption. [53, 165]

Wichtig ist in diesem Zusammenhang, dass die Wahrnehmung veränderlich ist. So kann sie beispielsweise aufmerksamkeits-, konstitutions-, situations- und stimmungsabhängigen Schwankungen unterliegen. Darüber hinaus ist sie auch von Person zu Person verschieden, also subjektiv beeinflusst. Der inter- und intraindividuell variierenden Wahrnehmung muss man sich bei der Interpretation von Fahrbarkeitsversuchen stets bewusst sein.

Damit ein physikalischer Reiz überhaupt als solcher wahrgenommen werden kann, muss seine Intensität einen bestimmten Schwellwert überschreiten – die sogenannte absolute Wahrnehmungsschwelle. Sie entspricht der kleinsten, bewusst wahrnehmbaren Reizintensität. Daneben gibt es auch die relative Wahrnehmungsschwelle, auch Unterschiedsschwelle oder just noticeable difference (JND) genannt. Sie gibt an, wie groß die Differenz zwischen zwei Reizen mindestens sein muss, damit sie nicht mehr als gleich, sondern als verschieden wahrgenommen werden [14]. Die Wahrnehmungsschwellen spielen für die Fahrbarkeitsbewertung, insbesondere im Fahrsimulator, eine große Rolle und werden in Abschnitt 4.3 näher untersucht.

Für die Fahrbarkeitsbewertung, aber auch für die Fahrzeugführung im Allgemeinen, sind vor allem die vestibulären, somatosensorischen, visuellen und auditiven Sinneskanäle von Bedeutung [53, 132, 229]. Nachfolgend werden die physiologischen Grundlagen und die Reizdarbietung im Fahrsimulator für diese Sinnessysteme kurz vorgestellt.

Vestibuläre Wahrnehmung

Eine wesentliche Rolle für die Bewegungswahrnehmung spielt der im Innenohr liegende Vestibularapparat, auch Gleichgewichtsorgan genannt. In diesem wiederum befinden sich zwei sogenannte Maculaorgane zur Messung von translatorischen Beschleunigungen sowie drei Bogengangsorgane für rotatorische Beschleunigungen. [225]

Die beiden *Maculaorgane* (Sacculus und Utriculus) beherbergen jeweils zwischen 15 000 und 30 000 Sinneshärchen (Stereovilli), die von einer Gallerteschicht mit Kalzitsteinchen (Otolithen) bedeckt sind – siehe Abbildung 2.3a. Bei Beschleunigungseinwirkungen werden die Otolithen aufgrund ihrer größeren Masse und Trägheit etwas langsamer beschleunigt als die Haarzellen. Dies führt zu einer Scherbewegung, welche die Sinneshärchen auslenkt und stimuliert. Die Empfindlichkeit der Sinneshärchen weist dabei eine ausgeprägte Vorzugsrichtung auf. Die spezielle Anordnung der Haarzellen auf Sacculus und Utriculus, die wiederum senkrecht zueinander stehen, ermöglicht eine Detektion von Translationsbeschleunigungen in alle Richtungen – siehe ebenfalls Abbildung 2.3a. [58]

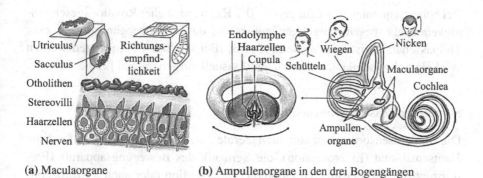

(a) Maculaorgane (b) Ampullenorgane in den drei Bogengängen

Abbildung 2.3: Vestibularapparat im Innenohr [58]

Die Sinneszellen der Maculaorgane können auch allein durch die Erdbeschleunigung stimuliert werden. So bewirkt eine Veränderung der Kopflage aufgrund des Gravitationseinflusses auch eine Lageänderung der Otolithen und somit eine Auslenkung der Sinneshärchen. Diese Sinnesinformation wird im Gehirn zur Bestimmung der Kopfposition im Raum genutzt [225]. Ob die Sinnenzellen durch eine Translations- oder durch die Erdbeschleunigung stimuliert werden, kann das Gehirn nicht direkt voneinander unterscheiden. Es ist hierfür auf Informationen aus anderen Sinneskanälen, wie dem visuellen System, angewiesen. Dieser Umstand wird im Fahrsimulator ausgenutzt, indem durch eine optisch nicht wahrnehmbare Verkippung des Mockups der Eindruck einer Translationsbeschleunigung vermittelt wird. Dieses Vorgehen nennt man Tilt-Coordination und es wird in Unterabschnitt 2.3.3 näher erläutert.

Die Messung von Rotationsbeschleunigungen erfolgt im Vestibularapparat durch die *Ampullenorgane* innerhalb der drei Bogengänge, auch semizirkuläres System genannt. Wie in Abbildung 2.3b veranschaulicht, sind sie mit einer Flüssigkeit (Endolymphe) gefüllt und an den Ampullen durch eine mit Sinneshärchen bestückte Membran (Cupula) verschlossen. Bei einer Drehbewegung bleibt die Endolymphe aufgrund ihrer Trägheit zunächst zurück und drückt auf die Cupula. Diese wird dadurch ausgelenkt und stimuliert die Sinneszellen. Durch die orthogonale Anordnung der drei Bogengänge können Rotationsbeschleunigungen in allen Raumrichtungen wahrgenommen werden. [58, 225]

Bei höherfrequenten Bewegungen (> 0,1 Hz) werden eher Rotationsgeschwindigkeiten als -beschleunigungen gemessen, da die Bogengangsorgane eine Tiefpasscharakteristik aufweisen [15, 53]. Bei niedrigen Frequenzen werden Winkelgeschwindigkeiten überwiegend visuell aufgenommen [229].

Somatosensorische Wahrnehmung

Die Somatosensorik, auch somatoviszerale Sensibilität genannt, umfasst die Hautsensibilität (Ekterozeption), die Sensorik des Bewegungsapparats (Propriozeption) und der inneren Organe (Enterozeption oder auch Viszerozeption) [71, 78]. An der Somatosensorik sind Mechano-, Thermo- und Schmerzrezeptoren beteiligt [71]. Da für die Fahrzeugführung und -beurteilung nur die Mechanorezeptoren eine Rolle spielen, wird im Folgenden lediglich diese Dimension der Somatosensorik betrachtet.

Der mechanische Anteil der Hautsensibilität ist als *Tastsinn* bekannt. Dabei wird die passive Wahrnehmung als taktil bezeichnet, die aktive hingegen als haptisch. Es können Berührungen, Druck, Vibrationen sowie Dehnungen der Hautoberfläche durch den Tastsinn erfasst werden. [71]

Unter der propriozeptiven Wahrnehmung, auch *Tiefensensibilität* genannt, versteht man die Gesamtheit verschiedener Sinnesinformationen aus dem Bewegungsapparat, die aus Mechanorezeptoren in Muskeln, Sehnen und Gelenken stammen. Sie umfasst den Kraftsinn (Spannungszustand der Muskeln und Sehnen), den Positionssinn (Lage und Stellung der Körperteile im Raum) sowie den Bewegungssinn, auch Kinästhesie genannt (Bewegungsrichtung und -intensität der Körperteile). [78]

Die viszerale Empfindung kommt durch Sinnesreize aus den inneren Organen zustande. Schwingungen im Fahrzeug oder Fahrsimulator mit der Eigenfrequenz bestimmter innerer Organe können zu Unwohlsein bzw. zur Simulatorkrankheit beitragen [132]. Davon abgesehen ist die viszerale Wahrnehmung für das Fahrgefühl jedoch eher unerheblich.

Über die Somatosensorik werden zahlreiche für die Fahrzeugführung und -bewertung wichtige Reize erfasst. Dazu gehören Antriebsstrangschwingungen sowie Vibrationen, welche durch Luftströmungen und den Reifen-Fahrbahn-Kontakt verursacht werden. Sie sind oft geschwindigkeits- und lastabhängig und vermitteln dem Fahrer Informationen über den aktuellen Fahrzeugzustand. Insbesondere der Frequenzbereich bis 25 Hz ist für die Antriebsstrangauslegung bedeutend [197]. Schwingungen können im Fahrsimulator über den Hexapod oder durch Shaker-Systeme eingebracht werden. Weiterhin trägt die Somatosensorik auch zur Beschleunigungswahrnehmung bei. So können anhand von Druckänderungen zwischen Rücken, Gesäß, Oberschenkeln und dem Sitz Rückschlüsse auf die Fahrzeugbeschleunigung gezogen werden [53]. Das gilt auch für Zugkräfte im Nacken oder zwischen Armen, Händen und dem Lenkrad. Im Fahrsimulator können derartige Kräfte über den Hexapod oder zum Teil auch mittels elektrischer Gurtstraffer [198], Helmen mit Force-Feedback-Aktorik [69] oder durch Verformungselemente im Sitz [132] nachgeahmt werden.

Visuelle Wahrnehmung

Ein visueller Eindruck entsteht, indem Lichtreize die Hornhaut und Pupille des Auges passieren, von der Linse gebrochen und auf der Netzhaut von Photorezeptoren in elektrische Nervenimpulse umgewandelt werden [58]. Das Sehen ist unter anderem wichtig für die Wahrnehmung von Bewegungen, räumlichen Entfernungen und Größen, die Orientierung sowie Objekterkennung.

Bei Visualisierungssystemen kann zwischen 2D- und 3D-Darstellungen unterschieden werden. 3D-Visualisierungen erzeugen durch ein stereoskopes Bild zusätzliche binokulare Reize, welche die Tiefenwahrnehmung verbessern [229]. In der Fahrsimulation ist für eine realitätsnahe Darstellung ein Sichtfeld von mindestens 120° notwendig, was durch den Einsatz mehrerer Bildschirme, Projektionsflächen oder eines Head-Mounted-Displays erreicht werden kann [95, 229]. Ein großer Sehbereich ist vor allem für das periphere Sehen hilfreich, durch welches der sogenannte optische Fluss wahrgenommen wird. Nach [90] stellt er das Geschwindigkeitsvektorfeld dar, welches ein Bild in einer Sequenz in das darauffolgende überführt. Der optische Fluss spielt für den Geschwindigkeitseindruck neben der Bewegungsparallaxe (weiter entfernte Objekte bewegen sich optisch langsamer als nähere) eine große Rolle [229].

Die wahrgenommene Geschwindigkeit wird auch durch die Komplexität der Umgebungsstruktur beeinflusst. So ist die empfundene Geschwindigkeit etwa auf einer Allee höher und genauer als in einer unbepflanzten und unbebauten

Umgebung [23, 53]. Im Allgemeinen ist die visuelle Schätzung von Positionen und Geschwindigkeiten zuverlässiger als die von Beschleunigungen aufgrund der Tiefpasscharakteristik des visuellen Systems [53, 205].

Auditive Wahrnehmung

Luftschwingungen werden durch das Trommelfell, die drei Gehörknöchelchen und die Cochlea zu den Haarsinneszellen im Innenohr geleitet und verstärkt, wo sie schließlich in ein elektrisches Nervensignal umgewandelt werden. Auf diese Weise kann der Mensch mit seinem Gehörsinn Schallwellen von etwa 20 bis 16 000 Hz wahrnehmen. [226]

Die Darstellung realitätsnaher akustischer Reize ist im Fahrsimulator von großer Bedeutung. Aufgrund von Erfahrungswerten erwartet der Fahrer je nach Fahrszenario bestimmte Geräuschkulissen, die durch Motoren-, Straßen-, Wind- und Umgebungsgeräusche entstehen. Sie unterstützen und verstärken die durch andere Sinnessignale hervorgerufenen Eindrücke. Zudem übermitteln sie auch Informationen über den Betriebszustand des Fahrzeugs [132] und tragen zur Geschwindigkeitswahrnehmung bei [53]. Darüber hinaus kann durch den Zeitversatz zwischen dem Auftreten von Schallwellen auf das rechte bzw. linke Ohr eine relativ präzise Richtungseinschätzung getroffen werden. Entfernungsabschätzungen sind hingegen sehr ungenau [132].

Insbesondere der Motorsound besitzt außerdem eine starke emotionale Dimension. Dieser Aspekt trägt maßgeblich dazu bei, wie sportlich ein Fahrzeug wahrgenommen wird. Dies kann wiederum indirekt auch die Geschwindigkeits- und Beschleunigungsempfindung beeinflussen.

2.3.2 Klassifikation von Fahrsimulatoren

Die Zahl der Fahrsimulatoren hat in den letzten Jahren stark zugenommen. Dabei ist die Vielfältigkeit der Einsatzmöglichkeiten und Bauformen weiter gestiegen. Auch die Bewegungssysteme werden zunehmend komplexer und weisen eine größere Zahl an Freiheitsgraden auf.

Als Freiheitsgrad oder Degree of Freedom (DoF) eines Fahrsimulators wird die Möglichkeit bezeichnet, eine durch das Fahrdynamikmodell berechnete Bewegung in einer Raumrichtung darzustellen. Redundant belegte Freiheitsgrade werden nur dann eigenständig gewertet, wenn sie durch voneinander unabhängig ansteuerbare Aktoren umgesetzt sind. Bei abhängigen Aktoren spricht man von halben Freiheitsgraden. Die Erzeugung von vertikalen Schwingungen wird nur dann als Freiheitsgrad gezählt, wenn sie aus der Fahrdynamiksimulation resultiert und nicht nur als statistisch erzeugtes Rauschsignal (z.B. für die Straßenrauigkeit) ausgeführt ist. [132]

Ein in der Literatur weit verbreiteter Ansatz für die Klassifizierung von Fahrsimulatoren ist, die Anlagen hinsichtlich ihrer Realitätsnähe in Low-, Mid- und High-Level-Systeme einzuordnen [31, 34, 95, 117, 129, 184, 192, 208]. Die Leistungsfähigkeit des Bewegungssystems und die Zahl der Freiheitsgrade kann hierfür als ein wesentliches Beurteilungskriterium herangezogen werden. Dies ist gerade auch im Hinblick auf längsdynamische Fahrbarkeitsuntersuchungen sinnvoll, da das Bewegungssystem eine zentrale Rolle für die Beschleunigungswahrnehmung einnimmt.

Zu der Gruppe der Low-Level-Systeme zählt man die statischen Fahrsimulatoren, auch Fixed-Base-Simulatoren genannt [31, 34, 95, 184]. Sie sind relativ kostengünstig und eignen sich dank einfacher Transportmöglichkeiten oft auch für den mobilen Einsatz.

Mid-Level-Fahrsimulatoren weisen mindestens einen Freiheitsgrad auf und gehören somit bereits zu den dynamischen bzw. Motion-Base-Simulatoren. In diese Gruppe werden oft nur jene Fahrsimulatoren eingestuft, die nicht alle translatorischen und rotatorischen Raumrichtungen bedienen [31, 95, 184]. Manche Autoren zählen hingegen auch Hexapod-Systeme dazu, sofern sie im Ganzen einen eher einfachen Aufbau aufweisen (z. B. keine vollständige Fahrzeugkabine, eher leistungsschwache Visualisierung oder mit kleinem Sichtfeld) [129].

Bei High-Level-Simulatoren wird vorausgesetzt, dass sie alle Raumrichtungen bedienen können. Somit weisen sie sechs oder mehr Freiheitsgrade auf [34, 95, 184, 192]. Auch die restlichen Komponenten, wie Mockup, Sound- und Visualisierungssystem, haben in dieser Gruppe in der Regel eine sehr hohe Güte. Bei den meisten Bauformen kommt ein Hexapod zum Einsatz. Die gängige Ausführungsform ist hierbei die Stewart-Plattform, welche aus sechs unabhängig voneinander ansteuerbaren Linearaktoren besteht, die durch Gelenke parallelkinematisch miteinander gekoppelt sind [190]. Besonders leistungsfähige Fahrsimulatoren kombinieren den Hexapod zusätzlich mit einem Schienensystem. Dadurch wird der translatorische Bewegungsraum und die Zahl der Freiheitsgrade weiter erhöht, wodurch insbesondere hohe und länger andauernde Beschleunigungen besser dargestellt werden können.

2.3.3 Motion-Cueing

Begriffsklärung

Im Fahrsimulatorkontext werden diejenigen Reize, die einen Hinweis auf die Bewegungen des Fahrzeugs vermitteln, als Motion Cues bezeichnet. Manche Autoren berücksichtigen hierbei vestibuläre, somatosensorische, visuelle und akustische Stimuli, wohingegen andere nur vestibuläre Reize dazu zählen. [53]

In Anlehnung an [53] werden in dieser Arbeit die durch das Bewegungssystem hervorgerufenen Reize als Motion Cues bezeichnet. Sie sind somit im Wesentlichen vestibulärer Natur und zu einem geringen Teil somatosensorisch. Die restlichen Bewegungshinweise jedweder Sinnesmodalität werden hingegen Sensory Cues oder nur Cues genannt.

Algorithmen und Methoden

Motion-Cueing-Algorithmen sind die für den Betrieb von Bewegungssystemen verwendeten Regelungsstrategien. Sie überführen die aus der Fahrdynamiksimulation kommenden Beschleunigungsvorgaben in Bewegungsverläufe, die vom Bewegungssystem umgesetzt werden können. Viele Fahrzeugbeschleunigungen können nicht originalgetreu ausgeführt werden, da der zur Verfügung stehende Arbeitsraum sowie das Dynamikpotential der Bewegungssysteme beschränkt sind. Das Ziel von Motion-Cueing-Algorithmen ist es, realisierbare Bewegungsverläufe zu berechnen, die dem Fahrer dennoch einen möglichst realistischen Fahreindruck vermitteln. [53]

Gängige Motion-Cueing-Algorithmen können eingeteilt werden in klassische filterbasierte Washout-Verfahren [171], in Optimal-Control- [182] und Model-Predictive-Control-Algorithmen [36] sowie verschiedene adaptive Verfahren [125, 126, 130, 157]. Diese Algorithmen bedienen sich dabei verschiedener Techniken und Methoden, um dem Fahrer geeignete Motion Cues darzubieten. Nachfolgend werden die in dieser Arbeit eingesetzten Techniken Tilt-Coordination, Washout und Skalierung erläutert.

Tilt-Coordination   Wie in Unterabschnitt 2.3.1 beschrieben, können die Sinneshärchen der Maculaorgane im Innenohr sowohl von translatorischen Beschleunigungen als auch durch die Erdgravitation ausgelenkt und stimuliert werden. Um zwischen diesen beiden Reizursachen unterscheiden zu können, sind jedoch Informationen aus anderen Sinneskanälen, wie dem visuellen und somatosensorischen System, notwendig. Dieses Phänomen macht man sich im Fahrsimulator zu Nutze, indem das Mockup derart gekippt wird, dass die Neigung von den Probanden nicht als solche bewusst wahrgenommen wird. Optisch wird ihnen anstatt der Neigung eine entsprechende Geschwindigkeitsänderung des virtuellen Fahrzeugs präsentiert. Durch die veränderte Wirkungsrichtung der Erdbeschleunigung wird ein Anteil als translatorische Beschleunigung empfunden. Dieses Vorgehen ist als Tilt-Coordination bekannt und erlaubt die Darstellung von stationären Beschleunigungen im Fahrsimulator. Je nachdem um welche Raumachse gekippt wird, können Längs- oder Querbeschleunigungen simuliert werden. Der Drehmittelpunkt sollte dabei möglichst im Bereich des Fahrerkopfes liegen, da sich die Vestibulärorgane in den Innenohren befinden. [53]

Bei allzu großen Neigungswinkeln bemerken die Probanden anhand der veränderten somatosensorischen Empfindung jedoch ihre gekippte Position – je nach Versuchsaufbau ab etwa 10° [16] oder 20° [53]. Der Einsatz der Tilt-Coordination ist deshalb nur mit moderaten Neigungswinkeln sinnvoll.

Außerdem darf der Neigungswinkel nicht zu schnell aufgebaut werden. Die Probanden bemerken sonst die Drehung, wenn die Rotationsbeschleunigung bzw. -geschwindigkeit oberhalb der Wahrnehmungsschwellen liegt. Aufgrund der Tiefpasscharakteristik der Bogengänge wird bei höherfrequenten Bewegungen eher die Drehgeschwindigkeit als die -beschleunigung erfasst [15, 53].

Deswegen wird die Tilt-Coordination meist auf $3°/s$ limitiert [53, 184]. Bei einer überlagerten, translatorischen Beschleunigung kann die Beschränkung jedoch auch höher gewählt werden, da dadurch die Wahrnehmungsschwelle angehoben wird [16, 32, 191]. Das gilt auch für sehr kurze Einwirkzeiten von nur einigen wenigen Sekunden [128]. Außerdem empfielt es sich im Zweifelsfall die Drehratenbegrenzung auch oberhalb der Wahrnehmungsschwelle anzusetzen, da Probanden dies gegenüber größeren Dynamikeinbußen bevorzugen und als deutlich realistischer einschätzen [53, 133, 211].

Washout Während einer Simulatorfahrt wird zur Vorbereitung auf die nächstfolgenden Fahrereingaben angestrebt, die Simulatorplattform stets in die Position zurückzubringen, von der aus das Bewegungspotential in alle Richtungen am größten ist. Diese sogenannte Neutralposition ist in der Regel die Mitte des Bewegungssystems. Sie stellt eine günstige Ausgangsposition dar, um auf nachfolgende Fahrerwünsche flexibel reagieren zu können. Die allmähliche Rückführung in die Neutralposition wird als Washout bezeichnet. Im Idealfall bemerkt der Fahrer davon nichts, da die aufgebrachten Bewegungen nur langsam wieder abgebaut bzw. „ausgewaschen" werden. [144]

Skalierung Selbst mit modernsten Motion-Cueing-Algorithmen lassen sich die Beschleunigungsvorgaben aus der Fahrdynamiksimulation häufig nicht eins zu eins darstellen. In solchen Fällen müssen die Beschleunigungssignale herunterskaliert werden. Das bedeutet, sie werden mit einem Faktor < 1 multipliziert. Meist wird der Skalierungsfaktor für die Längs- und Querrichtung gleich gewählt und während eines Fahrsimulatorversuchs konstant gehalten. Die restlichen Sensory Cues, wie etwa visuell dargestellte Geschwindigkeitsänderungen, bleiben davon unberührt. Da der Mensch die Amplitude einer Beschleunigung vergleichsweise schwer schätzen kann, bewerten Probanden Simulatorversuche mit einer moderaten Skalierung meist immer noch als realitätsnah. [53]

3 Entwicklung des Simulationsframeworks

In diesem Kapitel wird nun das Simulationsframework entwickelt, das objektive und subjektive Bewertungen von Triebstrangvarianten in der Konzeptphase ermöglichen soll. Dafür werden zunächst in Abschnitt 3.1 die Vorgehensweise und die anzuwendenden Simulationstechniken bestimmt. Daraufhin erfolgt in Abschnitt 3.2 der Aufbau der Komponentenmodelle. Diese werden anschließend in Abschnitt 3.3 zu einem Gesamtfahrzeugmodell zusammengefügt, welches wiederum in Abschnitt 3.4 in das automatisierte Pre- und Postprocessing des Simulationsframeworks eingebettet wird. In Abschnitt 3.5 erfolgt schließlich eine Validierung hinsichtlich Verbrauch, Fahrleistung und Fahrbarkeit für das Beispielfahrzeug, das im weiteren Verlauf der Arbeit auch im Fahrsimulator zum Einsatz kommen soll.

3.1 Vorgehensweise und Methodik

3.1.1 Begriffsabgrenzungen

Modellbildungs- und Simulationsverfahren werden in verschiedensten Fachdisziplinen in vielfältiger Weise angewandt. Um ein einheitliches Verständnis wichtiger Begrifflichkeiten im Kontext dieser Arbeit zu erreichen, werden diese nachfolgend kurz definiert.

System Laut der VDI-Richtlinie 3633 versteht man unter einem System die „abgegrenzte Anordnung von Elementen, die miteinander in Beziehung stehen" [201]. Das in dieser Arbeit betrachtete System ist das Gesamtfahrzeug mit seinen Antriebskomponenten.

Modell Des Weiteren definiert die VDI-Richtlinie 3633 ein Modell als eine „vereinfachte Nachbildung eines geplanten oder existierenden Systems mit seinen Prozessen in einem anderen begrifflichen oder gegenständlichen System" [201]. Hervorzuheben ist die wichtige Eigenschaft, dass es sich ledig-

© Der/die Autor(en), exklusiv lizenziert durch
Springer Fachmedien Wiesbaden GmbH, ein Teil von Springer Nature 2021
E. Baumgartner, *Frontloading durch Fahrbarkeitsbewertungen in Fahrsimulatoren*, Wissenschaftliche Reihe Fahrzeugtechnik
Universität Stuttgart, https://doi.org/10.1007/978-3-658-36308-6_3

lich um eine „vereinfachte Nachbildung" handelt. Ein Modell muss immer im Zusammenhang mit dem Modellierungszweck gesehen werden, da es nur die für die jeweilige Fragestellung relevanten Merkmale des Systems nachbildet [109, 164]. Hier ist der Modellierungszweck die Nachbildung von Fahrleistung, Verbrauch und vor allem der Fahrbarkeit.

Ein Modell kann physisch ausgeführt sein (z. B. im Modellwindkanal), aber auch mental (z. B. als elektrotechnische Ersatzschaltung), mathematisch (z. B. als Differentialgleichung) oder rechnergestützt (z. B. als Simulink-Modell). Computermodelle werden diskretisiert gerechnet im Gegensatz zu den meist für kontinuierliche Wertebereiche formulierten mathematischen Gleichungen. In dieser Arbeit liegt der Fokus auf einem rechnergestützten Gesamtfahrzeugmodell in Simulink.

Simulation   Mit der Beschränkung auf berechenbare Modelle kann der Simulationsbegriff auch entsprechend eng gefasst werden: „Simulation ist das Durchführen von Berechnungen an einem Modell, bei denen Eingangsgrößen in Ausgangsgrößen transformiert werden" [164]. Im Falle der Gesamtfahrzeugsimulation stellen die Fahrereingaben die Eingangsgrößen und das dynamische und energetische Fahrzeugverhalten die Ausgangsgrößen dar.

3.1.2 Klassifikation und Auswahl der Simulationstechniken

In der Fahrzeugentwicklung kommen eine Reihe verschiedener Simulationsarten zum Einsatz. Diese lassen sich anhand der nachfolgenden Kriterien klassifizieren.

Funktions- vs. gestaltorientiert   Nach [115, 228] kann zwischen funktions- und gestaltorientierten Simulationstechniken unterschieden werden. Letztere benötigen stets Informationen über die Systemgeometrie und werden beispielsweise für FEM- oder CAD-Anwendungen verwendet. Die system- bzw. funktionsorientierte Simulation analysiert die Funktionalitäten des Systems und kommt auch in dieser Arbeit zum Einsatz.

Mathematisch- vs. signalfluss- vs. symbolorientiert In diese drei Klassen kann die funktionsorientierte Simulation eingeteilt werden [27]. Bei mathematisch-orientierten Simulationsprogrammen, wie z. B. Matlab oder Mathematica, werden analytische oder numerische Probleme direkt in Textform modelliert. Die signalflussorientierte bzw. kausale Modellierung nutzt hingegen Blockschaltbilder als Beschreibungsform, so wie das beispielsweise in Simulink der Fall ist. Die Blöcke werden während der Simulationslaufzeit sequenziell in einer festen Reihenfolge abgearbeitet. Die symbolorientierte bzw. akausale Modellierung bildet die physikalische Struktur des Systems objektorientiert grafisch nach. Die Gleichungssysteme werden automatisiert aufgestellt und zusammengefasst. Modelica und Simscape sind bekannte Vertreter dieser Simulationsart. [115, 123, 228]

Deterministisch vs. stochastisch Bei stochastischen Simulationen unterliegen die Eingangsgrößen bestimmten Wahrscheinlichkeitsverteilungen. Auf Basis dieser Verteilungen werden während der Simulation Zufallszahlen erzeugt und verarbeitet, sodass auch die Ergebnisse stochastisch sind. Bekannte Vertreter sind beispielsweise Monte-Carlo-Methoden. Bei deterministischen Simulationen sind hingegen die konkreten Ausprägungen aller Inputdaten bekannt und die Ergebnisse stets eindeutig [164, 214].

In der frühen Konzeptphase sind zwar viele Parameter noch unsicherheitsbehaftet, die Wahrscheinlichkeitsverteilungen der Parameter sind jedoch noch weniger bekannt. Deswegen werden in der vorliegenden Arbeit deterministische Simulationen verwendet. Unklare Parameter müssen notfalls abgeschätzt oder vom Vorgängerfahrzeug übernommen werden. Bei Bedarf lässt sich zudem die Ergebnissensitivität durch eine Parametervariation ermitteln.

Echtzeitfähig vs. nicht-echtzeitfähig Da das zu entwickelnde Gesamtfahrzeugmodell im Fahrsimulator genutzt werden soll, muss es echtzeitfähig sein. Nach DIN 44300 versteht man unter Echtzeit „den Betrieb eines Rechensystems, bei dem Programme zur Verarbeitung anfallender Daten ständig betriebsbereit sind, derart, dass die Verarbeitungsergebnisse innerhalb einer vorgegebenen Zeitspanne verfügbar sind" [39]. Es muss also sichergestellt sein, dass die Simulationszwischenergebnisse rechtzeitig zu bestimmten Zeitpunk-

ten vorliegen. Dadurch ergeben sich erhöhte Anforderungen an die numerische
Modellstabilität.

Dynamisch vs. quasistationär   Bei quasistationären Gesamtfahrzeugsimulationen wird der Fahrtverlauf als eine Aneinanderreihung von quasistationären Zuständen angesehen. Die Antriebskomponenten müssen folglich nicht
mit zeitabhängigen Zustandsgleichungen modelliert werden. Dadurch ergibt
sich der Vorteil geringer Berechnungszeiten und einfacher Modellarchitektu-
ren. Zudem ist kein Fahrermodell erforderlich, da grundsätzlich angenommen
wird, dass das Fahrzeug dem geforderten Geschwindigkeitsprofil folgen kann.
Ausgehend vom gewünschten Geschwindigkeitsverlauf werden rückwärts die
dafür erforderlichen Komponentenzustände und aufzubringenden Leistungen
bestimmt. Man spricht deshalb auch von einer Rückwärtssimulation. [199]

Bei dynamischen Fahrzeugsimulationen werden dagegen auch transiente Systemzustände zwischen den stationären Zuständen nachgebildet. Dafür sind detaillierte physikalische Modelle erforderlich. Ausgehend vom Fahrerwunsch
erfolgt die Berechnung entlang der Antriebskomponenten über die Reifenmo-
mente bis hin zur sich ergebenden Fahrzeugbeschleunigung. Da die Berech-
nungsabfolge der realen Momentenübertragung entspricht, spricht man von
einer Vorwärtssimulation. [199]

Verbrauchsaussagen können grundsätzlich auch mithilfe von kennfeldbasierten Rückwärtssimulationen gemacht werden, da transiente Effekte hier eine
untergeordnete Rolle einnehmen [118]. Für die Bestimmung der Zielgrößen
Fahrleistung und Fahrbarkeit ist jedoch eine detaillierte Vorwärtssimulation
erforderlich [174]. Ihr Aufbau wird in Abschnitt 3.3 behandelt.

Ausgewählte Simulationstechniken   Zusammenfassend kann festgehalten
werden, dass in dieser Arbeit ein Gesamtfahrzeugmodell für eine funktions-
und signalflussorientierte, deterministische, echtzeitfähige Vorwärtssimulation
entwickelt wird.

3.2 Aufbau der Komponentenmodelle

Nachdem die Wahl der Simulationstechniken im vorherigen Abschnitt behandelt wurde, schließt sich nun die Diskussion der Komponentenmodellierung an. Dabei wird zunächst in Unterabschnitt 3.2.1 auf die Komponenten des Antriebsstrangs eingegangen, bevor in Unterabschnitt 3.2.2 die übrigen Teilmodelle betrachtet werden, die für ein Gesamtfahrzeugmodell notwendig sind. Wenngleich die drei Zielgrößen Verbrauch, Fahrleistung und Fahrbarkeit für die Modellierung als gleichbedeutend angesehen werden, liegt bei der Erläuterung der Umsetzung der Fokus dennoch auf fahrbarkeitsbezogenen Aspekten, da die Anwendbarkeit im Fahrsimulator den Schwerpunkt dieser Arbeit bildet.

3.2.1 Antriebsstrangkomponenten

In der Literatur werden vielfältige Möglichkeiten zur Modellierung von Triebstrangkomponenten beschrieben. Sie unterscheiden sich in Abhängigkeit des Verwendungszwecks teilweise erheblich. Die Herausforderung liegt darin, geeignete Ansätze zu identifizieren und derart anzupassen, dass sie den Anforderungen des hier gegebenen Einsatzzwecks entsprechen. Dabei ergibt sich ein Zielkonflikt hinsichtlich der folgenden Kriterien:

- Modellgüte: Die Modelle müssen für die gleichzeitige Bewertung von Fahrbarkeit, Fahrleistung und Verbrauch geeignet sein. Dabei erfordert insbesondere die subjektive Beurteilung der Fahrbarkeit bei vielen Komponenten eine recht hohe Modellgüte.

- Echtzeitfähigkeit: Für den Fahrsimulatoreinsatz muss sichergestellt sein, dass die Berechnungsergebnisse innerhalb eines fest definierten Zeitraums rechtzeitig vorliegen. Das erfordert performante und numerisch stabile Modelle.

- Bedatungsaufwand: Die Anzahl und Verfügbarkeit notwendiger Modellparameter entscheidet über die Einsatzfähigkeit in der frühen Konzeptphase, in der viele Parameter noch nicht genau bekannt sind.

- Variabilität: Die Modelle müssen geeignet sein, eine große Variantenvielfalt hinsichtlich der Topologien und Komponenteneigenschaften abzudecken.

Neben einer flexiblen und modularen Architektur müssen sie somit auch die Abbildbarkeit fallspezifischer Besonderheiten vorhalten.

Dieser Zielkonflikt bestimmt die Auswahl und Umsetzung jedes einzelnen Komponentenmodells. Der Antriebsstrang umfasst dabei je nach Fahrzeugtopologie unterschiedliche Komponenten. Dazu gehören

- eine oder mehrere Momentenquellen (Verbrennungsmotor, E-Maschine),

- ggf. ein Anfahrelement (Wandler oder Kupplung),

- Getriebesysteme (Zentral-/Achsgetriebe, Zentral-/Achsdifferentiale),

- torsionselastische Elemente (insbesondere die Seitenwellen),

- sowie die Räder (Bremsen, Reifen inkl. Felgen).

Im Folgenden werden die genannten Elemente einzeln entlang des Leistungsflusses betrachtet. Dabei wird für jede Komponente zunächst die physikalische Funktionsweise kurz beschrieben. Daraufhin werden die grundsätzlichen Möglichkeiten zur Modellierung diskutiert und anhand der soeben genannten Anforderungen wird eine Auswahl getroffen. Abschließend erfolgt die Erläuterung der konkreten modelltechnischen Implementierung.

Momentenquellen

Verbrennungsmotor Verbrennungsmotoren sind Wärmekraftmaschinen, welche die chemische Energie des Treibstoffs durch Verbrennung in mechanische Energie (und Wärme) umwandeln. Sie werden in Hubkolben-, Rotationskolben-, Dampf- oder Stirlingmotoren eingeteilt, wobei in der Fahrzeugtechnik üblicherweise mit Diesel oder Benzin betriebene Hubkolbenmotoren verwendet werden. Die Kolben werden dabei durch den Gasdruck bewegt, der aufgrund der Verbrennung des Kraftstoff-Luft-Gemisches entsteht. Diese Translationsbewegung wird mithilfe einer Kurbelwelle und Pleuelstange in eine Rotationsbewegung überführt, die für den Vortrieb des Fahrzeugs genutzt wird. In der Regel kommen Viertaktmotoren zum Einsatz, die innerhalb eines Arbeitsspiels die vier Arbeitsschritte Ansaugen, Verdichten, Verbrennen und Ausstoßen ausführen. [118, 123, 143]

Zur Nachbildung der genannten physikalischen Vorgänge beschreibt die Literatur eine Vielzahl an Modellierungsmöglichkeiten. Für Gesamtfahrzeugsimulationen gruppiert Matthies [123] diese in vier Bereiche: Mittelwertmodelle, um das Instationärverhalten erweiterte Mittelwertmodelle, Motorschwingungsmodelle sowie Motorprozessmodelle.

Bei Mittelwertmodellen werden nicht die einzelnen Takte der sich zyklisch wiederholenden Arbeitsspiele nachgebildet, sondern nur der Mittelwert des Motordrehmoments (und ggf. anderer interessierender Prozessgrößen) über ein Arbeitsspiel hinweg [222]. Dies geschieht meist mithilfe von Motorkennfeldern, die das Stationärmoment in Abhängigkeit einer konstanten Drehzahl und Lastanforderung wiedergeben [123]. Die Kennfelder können durch Prüfstandsversuche oder detailliertere Motorsimulationen bestimmt werden.

Um das Instationärverhalten erweiterte Mittelwertmodelle berücksichtigen darüber hinaus auch gewisse dynamische Effekte. Hierzu gehören das Reaktionsverhalten der physikalischen Strecke (insbesondere Ansaugrohrdynamik und ggf. Ladedruckaufbau), applikative Eingriffe (z. B. Lastschlagdämpfung) sowie Totzeiten aufgrund von CAN-Bus-Laufzeiten und Berechnungszeiten der Steuergeräte [123]. Hier bieten sich phänomenologische Modellansätze an aufgrund des geringen Implementierungs- und Rechenaufwandes.

Im Gegensatz zu den einfachen und erweiterten Mittelwertmodellen berücksichtigen Motorschwingungsmodelle, dass das abgegebene Moment selbst in stationären Betriebspunkten nicht konstant ist, sondern sich während eines Arbeitsspiels verändert [123]. So ist der Momentenverlauf in Realität schwingungsbehaftet aufgrund des zyklischen, stoßartigen Wirkprinzips. Die Verbrennung stellt schließlich nur einen der vier Arbeitstakte dar. Das bilden Motorschwingungsmodelle durch ihre arbeitstaktsynchrone Funktionsweise ab [222]. Eine Möglichkeit zur Modellierung wird beispielsweise in [124] beschrieben.

Motorprozessmodelle bilden die innermotorischen Verbrennungsvorgänge thermodynamisch detailliert ab. Sie werden beispielsweise angewandt für Aufgaben im Bereich der Funktionsentwicklung für Motorsteuerungen oder in der konstruktiven Motorauslegung [123]. Es gibt zwar auch echtzeitfähige Modellansätze, wie z. B. in [155] beschrieben, aber meist weisen die Motorprozessmodelle doch einen relativ hohen Rechenzeitbedarf auf.

Die Auswahl des Modellierungsansatzes wird von dem eingangs erläuterten Zielkonflikt zwischen Modellgüte, Echtzeitfähigkeit, Bedatungsaufwand und Variabilität geleitet. Aufgrund des hohen Rechenzeitbedarfs und insbesondere des erheblichen Parametrieraufwands [123] erscheinen Motorprozessmodelle für die Aufgabenstellung dieser Arbeit als wenig geeignet. Motorschwingungsmodelle ermöglichen die Simulation von Antriebsstrangschwingungen, die durch den Motor selbst hervorgerufen werden. In Betriebspunkten oberhalb von ca. 1000 U/min bewegen sich diese jedoch in einem nicht mehr fahrbarkeitsrelevanten Frequenzbereich [123, 124]. Zudem werden sie durch Tilgungseinrichtungen, wie dem Zweimassenschwungrad oder Drehmomentwandler, gedämpft [123]. Aus diesen Gründen sind Motorschwingungsmodelle aus längsdynamischer Sicht im Regelfall nicht erforderlich und kommen deshalb in dieser Arbeit nicht zum Einsatz. Zwar wären einfache Mittelwertmodelle für die Simulation der Zielgrößen Fahrleistung und Verbrauch grundsätzlich ausreichend, aber auf die Fahrbarkeit trifft das nicht zu. So wird das Instationärverhalten des Motors, das beispielsweise bei Lastsprungmanövern eine große Rolle spielt, nicht abgebildet. Aus diesem Grund wird in der vorliegenden Arbeit schließlich ein erweitertes Mittelwertmodell umgesetzt.

Die Erweiterung des kennfeldbasierten Mittelwertmodells um das Instationärverhalten erfolgt anhand der in [81] vorgestellten Methode. Es handelt sich hierbei um einen phänomenologischen Ansatz, der ursprünglich für die Verwendung in AVL Cruise entwickelt wurde. Die Methode wurde für die Nutzung in Simulink adaptiert. Sie ist für den Einsatz in der frühen Phase geeignet, da sie anhand von Lastsprung-Messungen am Motorprüfstand oder anhand von Lastsprung-Prognosen aus separaten Ladungswechselsimulationen bedatet werden kann, die in der Konzeptphase üblicherweise vorliegen. Durch die Methode wird die Ansprechverzögerung des Motors und der transiente Drehmomentenaufbau in linearisierter Weise nachgebildet. Applikative Effekte, wie die Begrenzung des Drehmomentengradienten zur Lastschlagdämpfung, werden indirekt miterfasst, da sie in den transienten Momentenverläufen der Rohdaten (die ja phänomenologisch nachgebildet werden) bereits enthalten sind.

Das abgegebene Drehmoment wird durch Temperatur- und Luftdruckänderungen beeinflusst, weil sich dadurch die Dichte der vom Motor angesaugten Luft ändert. Um diesen Umstand zu berücksichtigen, wurde eine Leistungskorrektur gemäß der EU-Richtlinie 80/1269/EWG [150] in das Modell integriert. Die Leistungskorrektur ist unter anderem notwendig, um Fahrzustände simulieren zu können, die von den Bedingungen der zur Parametrierung genutzten Prüfstandsmessungen abweichen. Alternativ könnten auch die Richtlinien ECE R 85 [218], DIN70020 [40], ISO 1585 [92] oder SAE J 1349 [185] verwendet werden, da sie sich nur geringfügig unterscheiden.

Des Weiteren sind auch noch einige Softwarefunktionen der Motorsteuerung modelltechnisch zu erfassen. Das sind vor allem der Leerlaufregler, Drehzahlbegrenzer, die Start/Stopp-Funktion sowie die Schubabschaltung. Auf die konkrete Umsetzung in Simulink soll an dieser Stelle jedoch nicht weiter eingegangen werden.

Darüber hinaus sind für Verbrauchsbewertungen noch einige weitere Aspekte zu implementieren. Der drehzahl- und momentenabhängige Kraftstoffbedarf des Motors lässt sich relativ simpel mithilfe eines Verbrauchskennfelds bestimmen. Oftmals wird aber nicht nur der Verbrauch des betriebswarmen Motors betrachtet, sondern auch der bei Kaltstart. Hierfür wurde kennfeldbasiert die temperaturabhängige Motorreibung mithilfe von Aufheizkurven für das Motoröl abgebildet. Zudem lassen sich Zusatzverbräuche parametrieren für Start/Stopp-bedingte Wiederstarts (kalt und warm).

Elektrische Maschine   Elektrische Maschinen wandeln im motorischen Betrieb elektrische in mechanische Energie um und fungieren dann als Momentenquelle für den Vortrieb des Fahrzeugs. Im generatorischen Betrieb verhält es sich entsprechend umgekehrt und durch Rekuperation kann Energie in die Batterie zurückgespeist werden. Da zudem ein Vier-Quadranten-Betrieb möglich ist, kann auch ohne eine mechanische Drehzahlumkehr rückwärts gefahren werden. Auch das Anfahrelement kann entfallen, da sich bereits im Stillstand das Maximalmoment erzeugen lässt. In der Fahrzeugtechnik kommen üblicherweise Asynchronmaschinen (ASM), permanenterregte (PSM) oder fremderregte Synchronmaschinen (FSM) zum Einsatz. [6, 7, 137]

Aus ähnlichen Gründen wie beim Verbrennungsmotor bietet sich auch für die E-Maschine eine kennfeldbasierte Modellierung an. Sie stellt einen guten Kompromiss dar im Zielkonflikt aus Modellgüte, Rechenzeitbedarf und Parametrierungsaufwand. Außerdem muss in der frühen Konzeptphase eine große

Variantenvielfalt bewertet werden – nicht nur hinsichtlich der Topologien, sondern auch der Komponenteneigenschaften. Bei der E-Maschine besteht hierbei ein relativ großes Variationsspektrum, das es abzudecken gilt. So liegen für identische Leistungsanforderungen je nach Funktionsprinzip und Bauform unterschiedlichste Wirkungsgradcharakteristiken vor [199]. Sie alle können mit einem kennfeldbasierten Modell sehr einfach erfasst werden, da schließlich nur das Kennfeld ausgetauscht werden muss.

Das in dieser Arbeit verwendete Momentenkennfeld gibt das Drehmoment in Abhängigkeit der Drehzahl und anliegenden Spannung wieder. Die Verlustkennfelder sind drehzahl- und momentenabhängig. Zur Kennfelderstellung können neben Prüfstandsmessungen auch geeignete Simulationen verwendet werden. Dazu gehören FEM-Simulationen sowie elektrotechnische Simulationen auf Grundlage von Ersatzschaltbildern, aber auch Skalierungs- und Interpolationsmethoden basierend auf existierenden Kennfeldern [199]. Die letztgenannten Verfahren eignen sich vor allem zur schnellen und einfachen Variantengenerierung in der frühen Konzeptphase. Eine Methode zur Längen- und Durchmesserskalierung von E-Maschinen findet sich beispielsweise in [29, 30]. Größenskalierungen auf Basis sogenannter Wachstumsgesetze werden von Skudelny et al. [183] und Basler [7] beschrieben. Vaillant [199] stellt ein Verfahren zur gezielten Lage- und Formänderung des optimalen Wirkungsgradbereichs vor.

Das dynamische Verhalten der E-Maschine lässt sich mit einem drei-phasigen ABC-Wicklungsmodell detailliert abbilden oder in d/q-Darstellung unter Vernachlässigung asymmetrischer Effekte. Auch wenn dafür echtzeitfähige Lösungen existieren, wie etwa in [146] dargestellt, ist der Modellierungs- und Bedatungsaufwand sehr hoch. Deshalb wird in dieser Arbeit das Mittelwertmodell der E-Maschine um eine Übertragungsfunktion erweitert, sodass der instationäre Momentenaufbau über ein Verzögerungsglied erster Ordnung nachempfunden wird. Weiterhin werden die Verluste der E-Maschine über ein momenten- und drehzahlabhängiges Verlustleistungskennfeld erfasst. Die Verlustwärme limitiert dabei die Dauerleistung der E-Maschine, was durch die Derating-Strategie berücksichtigt werden muss. Darauf wird im Rahmen dieser Arbeit jedoch nicht weiter eingegangen, sondern auf die studentische Arbeit [50] verwiesen.

Anfahrelemente

Bei Elektrofahrzeugen und bestimmten Hybridtopologien kann auf ein Anfahrelement verzichtet werden, da E-Maschinen auch aus dem Stand ein ausreichendes Drehmoment liefern. Verbrennungsmotoren können unterhalb der Leerlaufdrehzahl jedoch kein Moment abgeben, was den Einsatz von Anfahrelementen erforderlich macht. Diese ermöglichen den Betrieb des Verbrennungsmotors in einem stabilen Drehzahlbereich trotz eines abtriebsseitigen Drehzahlunterschieds. Beim Anfahren wird diese Drehzahldifferenz abgebaut, indem das Anfahrelement nur so viel Leistung überträgt, dass das entgegenwirkende Trägheitsmoment weder den Motor abwürgt, noch einen unangenehmen Beschleunigungsruck verursacht. Die überschüssige Leistung wird dabei praktisch immer durch Reibung in Wärme überführt. Dies kann hydraulisch mithilfe eines Wandlers geschehen oder mechanisch mittels einer trennbaren Kupplung.

Wandler Hydrodynamische Drehmomentwandler, verkürzt auch nur Wandler genannt, werden typischerweise in Kombination mit Stufenautomatgetrieben eingesetzt. Bei Wandlern verläuft der Leistungspfad über ein Pumpen-, Leit- und Turbinenrad. Der Motor treibt das Pumpenrad und damit den Ölkreislauf an (Primärseite). Die mechanische Antriebsenergie wird somit in Strömungsenergie gewandelt. Das Leitrad ist mit dem Gehäuse fest verbunden und bewirkt durch eine Umlenkung des Öls eine staudruckbedingte Momentenübersetzung. Im Gegensatz zu Kupplungen ist auch eine Momentenerhöhung möglich. Das Turbinenrad (Sekundärseite) nimmt die Strömungsenergie auf und wandelt sie in mechanische Energie. Die überschüssige Leistung erwärmt das Öl durch Flüssigkeitsreibung. [22]

Für die Simulation von Wandlern können nach [123] hydrodynamische Strömungsmodelle, Voigt-Kelvin-Ansätze oder Kennlinienmodelle verwendet werden. Bei der hydrodynamischen Strömungssimulation wird die Bauteilgeometrie mit einem Netz aus Gitterpunkten dreidimensional nachgebildet und der Strömungsprozess detailliert berechnet. Dieses Vorgehen ist mit einem sehr hohen Rechenzeitbedarf und Bedatungsaufwand verbunden und deshalb für die Simulation der Fahrzeuglängsdynamik ungeeignet. Bei Voigt-Kelvin-Ansätzen wird die Kopplung der Primär- mit der Sekundärseite über ein Feder-Dämpfer-Element nachgebildet. Der Gültigkeitsbereich solcher Modelle beschränkt sich jedoch auf ca. $\pm 10\%$ der möglichen Drehzahldifferenz zwischen Primär- und Sekundärseite, was bei dynamischen Manövern für Fahrbarkeitsbewertungen jedoch problematisch sein kann [123]. Deswegen wird in dieser Arbeit ein Kennlinienmodell für den Wandler eingesetzt.

Das Modell koppelt die Primär- und Sekundärseite über eine charakteristische Wandlerkennlinie. Diese gibt die Momentenübersetzung durch das Leitrad in Abhängigkeit des Drehzahlverhältnisses vom Turbinen- zum Pumpenrad wieder. Der Ansatz berücksichtigt allerdings nur die quasistationären Vorgänge, weil dynamische Zusatzeffekte allein mit schlupfabhängigen Kennlinien nicht darstellbar sind. Das Instationärverhalten kann nach [116] jedoch gut mit einem PT_1-Glied nachgebildet werden. Die rotatorischen Massenträgheiten müssen auf der Primär- und Sekundärseite getrennt berücksichtigt werden aufgrund des quadratischen Einflusses der Übersetzung. Das Trägheitsmoment des Öls wird gemäß der Volumenverteilung anteilig zur Primär- und Sekundärseite dazugerechnet [123].

Kupplung Kupplungen werden nicht nur zum Anfahren, sondern auch zum Trennen oder Schließen des Leistungsflusses verwendet, zum Beispiel bei Gangwechseln oder leistungsverzweigten Hybriden. Der prinzipielle Aufbau ist durch zwei Kupplungsseiten charakterisiert, die unterschiedliche Drehzahlen aufweisen können. Sie sind mit Reibbelägen versehen und können durch mechanische oder hydraulische Betätigung aneinander gepresst werden. Die so entstehende reib- bzw. kraftschlüssige Verbindung überträgt ein Drehmoment, das proportional zur Anpresskraft ist.

Im Hinblick auf die Modellierung können die beiden Systemzustände „offen/schlupfend" und „geschlossen" unterschieden werden. Im erst genannten Fall liegt eine Drehzahldifferenz zwischen den Kupplungsseiten vor. Wird diese vollständig abgebaut, so erfolgt ein Übergang von Gleit- zu Haftreibung. Die Kupplung befindet sich dann im geschlossenen Zustand und verhält sich energetisch wie eine starre Verbindung, also verlustfrei. Je nachdem wie die beiden Systemzustände modelltechnisch abgebildet werden, kann zwischen einem strukturell invariablen oder variablen Modellansatz oder einem translatorischen Reibungsmodell unterschieden werden. [91, 123]

Bei strukturell invariablen Modellen findet der Wechsel zwischen den beiden genannten Zuständen nicht statt. Es ist nur der offene/schlupfende Zustand modelliert. Wenn die Drehzahldifferenz gegen null geht, wird der geschlossene Zustand approximativ nachgebildet, aber nicht exakt erreicht. Der Vorteil dieses Ansatzes liegt in der einfachen Umsetzbarkeit und numerischen Stabilität. [123]

Soll auch der geschlossene Zustand abgebildet werden, so ist eine Fallunterscheidung zu implementieren, die bei Unterschreiten eines bestimmten Schlupf-Schwellwerts den Zustandswechsel durchführt. Der Wechsel stellt jedoch eine Unstetigkeit dar, die unter Umständen starke Schwingungen und Instabilitäten in der Simulation hervorrufen kann. Eine Möglichkeit zur Stabilisierung von strukturvariablen Modellen stellt Matthies in [123] vor.

Üblicherweise wird das Reibungsverhalten im schleifenden Zustand mittels schlupfabhängiger Kennlinien nachgebildet. Für eine detailliertere Betrachtung können jedoch auch Reibungsmodelle eingesetzt werden, die die einzelnen Reibzustände separat abbilden. Bei einer Nasskupplung kann beispielsweise differenziert werden zwischen viskoser Ölreibung (im offenen Kupplungszustand), Festkörpergleitreibung (sobald das Öl vollständig aus den Lamellenzwischenräumen verdrängt wurde), Mischreibung (im Übergangsbereich davor) und Haftreibung (im geschlossenen Zustand) [91]. Da der Bedatungsaufwand bei Reibungsmodellen allerdings sehr hoch ist, werden sie in dieser Arbeit nicht weiter verfolgt. Stattdessen wird der strukturvariable Modellansatz umgesetzt. Weiterführende Details hinsichtlich der Modellierung und den mathematischen Gleichungen finden sich in [123, 176].

Getriebe

Wechselgetriebe Getriebe fungieren als Drehzahl- und Drehmomentwandler zwischen dem Motor und dem restlichen Triebstrang. Das mit der Getriebeübersetzung multiplizierte Eingangsmoment ergibt das Moment am Getriebeausgang. Bei den Drehzahlen verhält es sich genau umgekehrt. Wechselgetriebe mit mehreren Gängen sind bei konventionellen Fahrzeugen erforderlich, um das eingeschränkte Drehzahlband des Verbrennungsmotors durch Gangwechsel an den großen Geschwindigkeitsbereich des Fahrzeugs anpassen zu können. Elektrofahrzeuge sind hingegen auch ohne ein Wechselgetriebe nutzbar, weil

E-Maschinen über ein sehr großes Drehzahlband verfügen. Nichtsdestotrotz kann der Einsatz von mehrgängigen Getrieben auch bei Elektrofahrzeugen sinnvoll sein, weil sich Verbrauchsvorteile ergeben können. Bei mehrgängigen Getrieben müssen während eines Schaltvorgangs die Drehzahlen der Ein- und Ausgangsseite aneinander angeglichen werden. Dies erfolgt meist mithilfe von Synchronisierungen, die im Prinzip wie eine Kupplung wirken.

Wie schon bei den zuvor besprochenen Kupplungsmodellen können auch Getriebemodelle strukturvariabel oder -invariabel gestaltet werden. Bei den strukturvariablen Modellen wird beim Wechsel vom „geschlossenen" in den „offenen" Systemzustand das Differentialgleichungssystem des Antriebsstrangs aufgeteilt in zwei voneinander unabhängige Gleichungssysteme. Für die Simulation des Neutralgangs und von Überschneidungsschaltungen sowie für detaillierte Fahrbarkeitsbewertungen von Schaltvorgängen sind strukturvariable Modellansätze zu verwenden [123]. Für die Bewertung von Verbrauch und Fahrleistung reichen hingegen auch strukturinvariable Modelle aus [199]. Da sich die Fahrbarkeitsbewertungen dieser Arbeit auf Lastsprungreaktionen beschränken, die bei konstantem Gang erfolgen, genügt hier auch ein strukturinvariables Modell.

Da stets nur ein Gang aktiv ist, bietet es sich an, auch nur eine einzelne Getriebestufe zu modellieren, deren Übersetzung bei Gangwechseln verändert wird. Das verwendete Getriebemodell besitzt also eine einzelne strukturinvariable Getriebestufe mit variabler Übersetzung. Beim Schalten wird dabei die Übersetzung linear auf den Wert des Zielgangs gerampt, denn nach [199] kann die vereinfachende Annahme getroffen werden, dass das abgegebene Moment während eines Schaltvorgangs linear zwischen der alten und neuen Übersetzung verläuft. Die Zahl der Gänge, die jeweiligen Übersetzungen, Schaltzeiten und Schaltkennlinien können frei parametriert werden. Um unerwünschtes Gangpendeln zu verhindern, ist das Schaltprogramm mit einer Schalthysterese versehen. Da die gangabhängigen Massenträgheitsmomente berücksichtigt werden, sind eventuell auftretende Momentenüberhöhungen beim Schalten abgebildet. Planschverluste werden moment-, drehzahl-, gang- und öltemperaturabhängig berücksichtigt und wirken im Modell eingangsseitig vor der Übersetzung. Die Getriebeöltemperatur wird dabei mittels einer Aufheizkurve bestimmt.

Achsgetriebe Das Achsgetriebe überträgt das Ausgangsmoment des Wechselgetriebes auf das Achsdifferential. Bei Längsmotoren muss der Momentenfluss dafür um 90° umgelenkt werden. Bei Quermotoren wird stattdessen meist ein Achsversatz realisiert, der aus Packaging-Gründen notwendig sein kann. Damit die Übersetzungen im Wechselgetriebe nicht allzu groß werden müssen, enthalten Achsgetriebe auch eine Übersetzungsstufe.

Indem nur ein einziger Gang parametriert wird, kann für Achsgetriebe das gleiche Modell wie für Wechselgetriebe verwendet werden. Sie stellen dann ein Ein-Gang-Getriebe mit fester Übersetzung dar.

Achsdifferential Achsdifferentiale verteilen das Drehmoment hälftig auf die zwei Seitenwellen. Zudem ermöglichen sie unterschiedliche Drehzahlen an den Rädern bei gleicher Antriebskraft. Das ist bei Kurvenfahrten notwendig, da sich das kurvenäußere Rad dann schneller dreht als das kurveninnere. Sollte ein Rad durchdrehen, lässt sich das andere Rad mithilfe einer Differentialsperre dennoch antreiben.

Da in dieser Arbeit nur rein längsdynamische Manöver betrachtet werden, wurde das Achsdifferential ohne Drehzahlausgleich modelliert. Es wird nur die Aufteilung des Moments abgebildet mit einem als konstant angenommenen, frei parametrierbaren Wirkungsgrad. Bei Bedarf kann auch eine weitere Übersetzungsstufe bedatet werden.

Zentraldifferential Zentraldifferentiale kommen bei Allradfahrzeugen zum Einsatz, um das Antriebsmoment auf Vorder- und Hinterachse zu verteilen. Sie befinden sich dann zwischen dem Schalt- und Achsgetriebe.

Das Modell baut auf dem des Achsdifferentials auf und erweitert jenes um die Möglichkeit zum Drehzahlausgleich. Zudem kann die Momentenverteilung geschwindigkeits- und radlastabhängig erfolgen.

Torsionselastische Elemente

Fahrzeugantriebsstränge sind schwingungsfähige und relativ verdrehweiche Systeme. So können sie sich bei voller Last im ersten Gang um bis zu 90°

verdrehen [22]. Durch schnelle Lastsprünge werden im Triebstrang Schwingungen angeregt, die den Fahrkomfort stark beeinträchtigen können. Aus Fahrbarkeitssicht ist es deshalb essentiell, den Antriebsstrang torsionselastisch zu modellieren. Der Detaillierungsgrad muss somit höher sein als bei Modellen, die lediglich zur Simulation von Fahrleistung und Verbrauch verwendet und in der Regel starr gestaltet werden.

Die maßgeblichen Komponenten für die Schwingungscharakteristik sind das Zweimassenschwungrad oder Kupplungen mit Torsionsdämpfer, die Gelenkwelle und die Seitenwellen. Auch die Reifen spielen eine wesentliche Rolle, werden aber an späterer Stelle gesondert diskutiert. Für eine detaillierte Abbildung des Schwingungsverhaltens sind die aufgeführten Bauteile jeweils als Feder-Dämpfer-Elemente zu modellieren, sodass sich für den Triebstrang ein Mehrmassenschwinger-Modell ergibt.

Allerdings zeigen verschiedene Untersuchungen, z. B. von Kuncz [111], dass sich das dynamische Verhalten des Triebstrangs in guter Näherung auf ein Zweimassenschwinger-Ersatzmodell reduzieren lässt. Dieser Ansatz wurde auch in der vorliegenden Arbeit verfolgt. Dabei wurde im Modell an den Einbauort der Seitenwelle ein Feder-Dämpfer-Element platziert, das die Gesamtsteifigkeit und -dämpfung des Systems repräsentiert. Die Stelle wurde gewählt, weil die Seitenwellen den größten Einfluss auf das Schwingungsverhalten haben aufgrund ihrer vergleichsweise geringen Steifigkeit. Auf diese Weise lassen sich Triebstrangschwingungen der ersten Eigenform simulieren – das sogenannte Ruckeln [111]. Es bilden sich beim Ruckeln typischerweise 3 bis 5 Schwingungsamplituden ohne akustische Auswirkungen aus [87]. Das Phänomen ist für die Fahrbarkeit besonders wichtig, weil es die größte Schwingungsamplitude und niedrigste Eigenfrequenz aufweist. Die Ruckelfrequenzen liegen meist bei ca. 2–8 Hz [51], was sich sehr gut mit dem vom Menschen vornehmlich wahrnehmbaren Frequenzbereich für Längsschwingungen im Sitzen deckt [75]. Das Ruckeln darf deshalb bei der Modellierung nicht unberücksichtigt bleiben. Dagegen können die höheren Eigenformen des Triebstrangs für die weiteren Betrachtungen durchaus vernachlässigt werden, weil sie in einem für den Menschen weniger schwingungsempfindlichen Bereich liegen und eher als Vibrationen oder akustisch wahrgenommen werden.

Räder

Bremsen Bremsen können als ein Sonderfall der Kupplung angesehen werden, bei dem eine Kupplungsseite mit dem Gehäuse verbunden ist und damit stets die Drehzahl null hat. Zur Modellierung des Bremsenverhaltens wäre es also möglich, das Modell der Kupplung wiederzuverwenden und anzupassen. Da der Fokus für Fahrbarkeitsbewertungen in dieser Arbeit jedoch auf Lastsprungreaktionen liegt, ist für die Bremsen auch eine niedrigere Modellierungstiefe ausreichend, weil sich die Modellanforderungen nur aus den Verbrauchszyklen ergeben. Deswegen wurde die Bremsfunkion lediglich phänomenologisch nachgebildet. Das maximale Bremsmoment sowie die Massenträgheitsmomente und Restbremsmomente wurden dabei berücksichtigt.

Reifen Das letzte Glied in der Wirkungskette bzw. im Kraftübertragungspfad des Antriebsstrangs sind die Reifen. Sie stellen den Fahrzeug-Fahrbahn-Kontakt her und überführen die Rotationsbewegung des Antriebs in eine translatorische Fahrzeugbewegung.

Die maximal übertragbaren Längs- und Querkräfte beeinflussen sich gegenseitig. Diese Wechselbeziehung lässt sich mithilfe des Kammschen Kreises bzw. der Krempelschen Reibungsellipse beschreiben. Da in der vorliegenden Arbeit jedoch keine Kurvenfahrten betrachtet werden, wird die Reifenquerkraft nicht modelliert.

Die Reifenumfangskraft entspricht dem Produkt aus Normalkraft F_N und Kraftschlussbeiwert μ der Materialpaarung Reifen-Untergrund. Beide Größen sollten für fahrbarkeitsbezogene Untersuchungen nicht als konstant angenommen werden. Der Kraftschlussbeiwert wurde im Reifenmodell schlupfabhängig modelliert mithilfe sogenannter μ-Schlupf-Kurven, die durch Messungen ermittelt werden. Die Kurven verlaufen alle durch den Ursprung, da ohne Schlupf keine Kraftübertragung möglich ist. Der Reibwert nimmt bei kleinen Schlupfwerten (im Bereich des Formänderungsschlupfes) näherungsweise linear zu [94]. Bei größerem Schlupf geht er in den nichtlinearen Bereich über und erreicht sein Maximum bei der Haftreibungszahl μ_h. Bei noch größerem Schlupf wird die Kraftschlussgrenze des Reifens überschritten und der Reifen gleitet mit der Gleitreibungszahl μ_g auf der Fahrbahn, wobei $\mu_g < \mu_h$ [94].

Die μ-Schlupf-Kurven können mit verschiedenen empirischen Ansätzen modelliert werden, wie z. B. mit der sogenannten Magic Formula von Pacejka [140].

Da allein mit schlupfabhängigen Kennlinien keine dynamischen Effekte abgebildet werden können, wurde das soeben beschriebene quasistationäre Reifenmodell derart erweitert, dass es den verzögerten Kraftaufbau des Reifens mitberücksichtigt. Dies kann nach [174] mithilfe eines PT_1-Glieds erfolgen. Die Zeitkonstante entspricht dabei dem Quotienten aus Einlauflänge und Längsgeschwindigkeit. Die Einlauflänge bzw. Relaxationsstrecke ist diejenige Wegstrecke, die der Reifen zurücklegen muss, um etwa zwei Drittel der instationären Reifenkraft aufzubauen [174].

Für den Einsatzzweck der Verbrauchssimulation wurden zudem auch Radlagerverlustmomente berücksichtigt. Weiterhin lässt sich der dynamische Radhalbmesser, der den Hebelarm der Reifenlängskraft darstellt, geschwindigkeitsabhängig parametrieren. Das Massenträgheitsmoment der Felge wird in der Simulation dem Reifen aufgeschlagen. Um ein Durchrutschen des Reifens zu verhindern, wurde ein einfaches Modell der Antischlupfregelung (ASR) und des Antiblockiersystems (ABS) implementiert. Das ASR spielt insbesondere für Fahrleistungsbewertungen eine große Rolle.

Überblick

Über die diskutierten Möglichkeiten zur Modellierung und die konkret umgesetzten Modellansätze wird in Tabelle 3.1 eine zusammenfassende Übersicht gegeben. Nach [123] ist eine konzeptionelle Unterteilung in quasistationäre, dynamische und hochdynamische Modelle möglich. Die Bedeutung dieser Klassifizierung im Hinblick auf die Fahrbarkeit soll am Beispiel der Modellierung von torsionselastischen Elementen erläutert werden. So kann beispielsweise die Seitenwelle im einfachsten Fall als starre Kopplung angesehen werden. Bei einem instationären Manöver, wie etwa einem schnellen Lastsprung, würde dieser Modellansatz die in Realität auftretenden Torsionsschwingungen folglich nicht nachbilden, sondern nur den eingeschwungenen Zustand. Dieser Ansatz unterstellt also, dass alle Systemzustände als quasistationär angesehen werden können. Wird die Seitenwelle hingegen als Feder-Dämpfer-Element modelliert, so können auch Triebstrangschwingungen der ersten Eigenform nachgebildet werden. Es handelt sich also um ein dynamisches Modell für den niederfrequenten Bereich. Werden auch noch weitere Elemente des Triebstrangs unter Zuhilfenahme von Feder-Dämpfer-Elementen modelliert, entsteht ein Mehrmassenschwinger-Modell, das die verschiedenen Eigenformen des Antriebsstrangs simulieren kann. Nun liegt ein hochdynamisches Modell vor, das auch für höhere Frequenzbereiche geeignet ist.

Da hochfrequente Schwingungen vornehmlich akustisch wahrgenommen werden, ist für die torsionselastischen Elemente der hochdynamische Modellansatz hinsichtlich der Fahrbarkeit nicht erforderlich. Der quasistationäre Ansatz ist auf der anderen Seite hingegen zu stark vereinfachend, weil er die für die subjektive Empfindung wichtigen instationären Effekte – wie der Name schon sagt – nicht abbildet. Ähnliches gilt auch für die anderen Komponenten. Deshalb wurden durchgängig dynamische Modellansätze implementiert. Die einzigen Ausnahmen davon sind die Getriebesysteme und Bremsen. Sie wurden quasistationär modelliert, da im Rahmen dieser Arbeit keine fahrbarkeitsbezogenen Betrachtungen für Schalt- und Bremsvorgänge erfolgen.

Interessant ist in diesem Kontext, dass vornehmlich nicht die Dynamik des Manövers den erforderlichen Detaillierungsgrad bestimmt, sondern in erster Linie das Bewertungskriterium. So ist beispielsweise für Fahrleistungsbewertungen das wichtigste Manöver die Volllastbeschleunigung von 0 auf 100 km/h – also ein äußerst dynamisches Manöver. Dennoch können ohne große Genauigkeitseinbußen quasistationäre Modelle für die meisten Komponenten verwendet werden – wie etwa in [7, 137, 199, 228] geschehen. Dieser Sachverhalt lässt sich wieder am Beispiel der Seitenwelle gut veranschaulichen. Während einer Volllastbeschleunigung entstehen beim Start und den Schaltungen Triebstrangschwingungen, die auch zu starken Schwingungen im Beschleunigungsverlauf führen. Der Beschleunigungsverlauf schwingt allerdings um den Verlauf, der sich mit einer starren Welle ergäbe. Im Mittel ist die effektive Beschleunigung also gleich, da die Dämpfungsverluste durch das Feder-Dämpfer-Element minimal sind. Somit ergibt sich bei quasistationärer und dynamischer Modellierung praktisch derselbe Wert für die Bewertungsgröße, nämlich der Beschleunigungszeit von 0 auf 100 km/h. Im Gegensatz dazu spielen die Schwingungen im Beschleunigungsverlauf für die Fahrbarkeit eine große Rolle, da sie die Beurteilung des Fahrkomforts beeinflussen.

Tabelle 3.1: Übersicht über mögliche Modellierungsansätze für die Komponenten
des Antriebsstrangs hinsichtlich des fahrbarkeitsbezogenen Detaillie-
rungsgrads

Komponente	Möglicher Modellierungsansatz	Detailtiefe	umgesetzt
Momentenquellen:			
Verbrennungs-motor	Mittelwertmodell	quasistationär	
	erweitertes Mittelwertmodell	dynamisch	x
	Motorschwingungsmodell	dynamisch	
	Motorprozessmodell	hochdynamisch	
Elektrische Maschine	Mittelwertmodell	quasistationär	
	erweitertes Mittelwertmodell	dynamisch	x
	d/q- oder ABC-basiertes Modell	hochdynamisch	
Anfahrelemente:			
Wandler	Kennlinienmodell	quasistationär	
	Voigt-Kelvin-Modell	dynamisch	
	erweitertes Kennlinienmodell	dynamisch	x
	numerische Strömungssimulation	hochdynamisch	
Kupplung	strukturell invariabel	quasistationär	
	strukturvariabel	dynamisch	x
	physikalisches Reibungsmodell	hochdynamisch	
Getriebe:			
Wechselgetriebe	variable Übersetzungsstufe	quasistatisch	x
	strukturvariable Übersetzungsstufe	dynamisch	
	elasto-kinematisches Modell	hochdynamisch	
Torsionselastische Elemente:			
Seitenwellen	starre Kopplung	quasistationär	
	Zweimassenschwinger	dynamisch	x
	Mehrmassenschwinger	hochdynamisch	
Räder:			
Bremsen	phänomenologisch	quasistationär	x
	analog zur Kupplung	dynamisch	
Reifen	schlupfabhängiger Reibbeiwert	quasistationär	
	zzgl. Übertragungsfunktion	dynamisch	x
	physikalisches Reifenmodell	hochdynamisch	

3.2.2 Sonstige Teilmodelle

Nachdem die Modellierung der Triebstrangkomponenten behandelt wurde, soll nun im Anschluss daran auf die übrigen Teilmodelle, die für ein Gesamtfahrzeugmodell erforderlich sind, eingegangen werden.

Fahrermodell

Der reale Fahrer trifft seine Trajektorien- und Geschwindigkeitswahl als Reaktion auf die aktuelle Umgebungs- und Verkehrssituation. Die Lenkung und Pedalerie betätigt er derart, dass das Fahrzeug dem von ihm gewählten Sollwertverlauf bestmöglich folgt. Die Fahraufgabe kann also in die Sollwertgenerierung und Fahrzeugregelung aufgeteilt werden.

Die Sollwertgenerierung spielt in dieser Arbeit allerdings keine Rolle, da der Soll-Geschwindigkeitsverlauf für alle relevanten Manöver bereits im Vorfeld bekannt ist. Das gilt auch für Fahrleistungsmanöver, wie Sprints, bei denen Volllastbeschleunigungen durch die Vorgabe sehr hoher Soll-Geschwindigkeiten erzwungen werden können. Bei manchen Manövern ist als Führungsgröße zwar nicht die Geschwindigkeit festgelegt, sondern wie beispielsweise bei Lastsprungmanövern die Motordrehzahl zu Manöverbeginn. Aber durch einen zusätzlichen Preprocessing-Schritt kann mithilfe der dynamischen Radhalbmesser und Übersetzungsverhältnisse die notwendige Soll-Geschwindigkeit berechnet werden, bei der sich die gewünschte Motordrehzahl einstellt. Da nur rein längsdynamische Manöver betrachtet werden, entfällt auch die Trajektorienplanung und Lenkaufgabe. Folglich lässt sich die Modellierung des Fahrers auf einen reinen Geschwindigkeitsregler reduzieren.

Die Umsetzung des Geschwindigkeitsreglers basiert auf einem PID-Regler mit Anti-Windup. Fahr- und Bremspedal stellen die Stellgrößen des Reglers dar. Das Soll-Geschwindigkeitsprofil lässt sich zeit- oder wegbasiert vorgeben. Im Fahrsimulator wird das Fahrermodell durch einen realen Fahrer ersetzt.

Antriebsmanagement

Das Antriebsmanagement leitet aus den Fahrereingaben mittels der Fahrpedalkennlinie die Lastanforderung ab. Diese wird in Form von Sollmomenten auf

die jeweilig verbauten Antriebe verteilt. Je nach Topologie können das ein
Verbrennungsmotor und/oder eine oder mehrere E-Maschinen sein. Die Verteilung erfolgt in Abhängigkeit des aktuellen Fahrzustands und der pro Komponente aktuell verfügbaren Antriebsleistung. Außerdem bestimmt das Antriebsmanagement mithilfe der Bremspedalkennlinie auch die Bremsmoment-
anforderung. Diese wird je nach Topologie und Fahrzustand aufgeteilt auf den
Schubbetrieb des Verbrennungsmotors, Rekuperation der E-Maschine(n) und
die Bremsen. Das Antriebsmanagement umfasst auch die Betriebsstrategie für
Hybride mit Funktionen wie z. B. der Lastpunktverschiebung. Die Modellierung erfolgt über einen Zustandsautomaten, der in Abhängigkeit der Fahrereingaben und der aktuellen Geschwindigkeit zwischen verschiedenen Betriebs-
modi umschaltet. Weitergehende Informationen finden sich in der Veröffentlichung [204] und in den studentischen Arbeiten [13, 203].

Fahrwiderstände

Die Fahrwiderstände lassen sich nach [118] in stationäre und dynamische
Widerstände unterteilen. Zu den stationären Fahrwiderständen gehören der
Roll-, Luft- und Steigungswiderstand. Die dynamischen Widerstände treten
ausschließlich bei Beschleunigungen des Fahrzeugs auf und umfassen die Wi-
derstandskräfte, die zur Überwindung der translatorischen und rotatorischen
Trägheitskräfte erforderlich sind. Der translatorische Anteil ergibt sich durch
die bewegte Fahrzeugmasse in Fahrtrichtung und der rotatorische Anteil durch
die sich drehenden Komponentenmassen.

Somit lässt sich die folgende Kräftebilanz aufstellen [124]:

$$F_x = F_{\text{Roll}} + F_{\text{Luft}} + F_{\text{Steig}} + F_{\text{B}x} \qquad\qquad \text{Gl. 3.1}$$

mit Summe der Reifenumfangskräfte: $F_x = \sum \mu\, F_{\text{N}}$
　　Summe der Rollwiderstandskräfte: $F_{\text{Roll}} = \sum f_{\text{Roll}}\, F_{\text{N}}$
　　Luftwiderstandskraft bei Windstille: $F_{\text{Luft}} = \frac{1}{2}\, \rho_{\text{Luft}}\, c_w A_{\text{Fzg}}\, v^2$
　　Steigungswiderstand: $F_{\text{Steig}} = m_{\text{Fzg}}\, g \sin \alpha_{\text{Steig}}$
　　transl. Beschleunigungswiderstand: $F_{\text{B}x} = m_{\text{Fzg}}\, a$

Die rotatorischen Trägheitskräfte fehlen in Gl. 3.1, da sie bereits direkt in den
jeweiligen Komponentenmodellen berücksichtigt wurden.

Fahrwerk

Bei instationären Fahrmanövern, wie z. B. Lastsprüngen, kommt es zu Rotationsbewegungen des Fahrzeugaufbaus um die Querachse – das sogenannte Nicken. Die damit einhergehenden dynamischen Radlastverlagerungen wurden modelltechnisch abgebildet, da sie die Kraftübertragung des Reifens direkt beeinflussen. Drehbewegungen um die Längs- und Hochachse, also Wanken und Gieren, wurden nicht modelliert, weil sie bei rein längsdynamischen Manövern nicht auftreten.

Energiespeicher

Kraftstofftank Im Gesamtfahrzeugmodell wird zur Vereinfachung angenommen, dass der zur Verfügung stehende Treibstoff nicht zur Neige geht und die Gesamtfahrzeugmasse während der Fahrt trotz des fortwährenden Kraftstoffverbrauchs konstant ist. Auch Verdunstungsverluste werden vernachlässigt. Die Bedatung der Gesamtfahrzeugmasse hängt von der Tankbefüllung und Zuladung ab, die manöverspezifisch definiert sind.

Batterie Die Traktionsbatterie besteht aus zahlreichen seriell und parallel geschalteten Akkumulatorzellen. In diesen wiederaufladbaren galvanischen Zellen wird die für den Vortrieb des Fahrzeugs notwendige Energie auf elektrochemischer Basis gespeichert. In aktuellen Fahrzeugen werden in der Regel Lithium-Ionen-Zellen verbaut.

Die OCV- (open circuit voltage) bzw. Leerlaufspannung der Einzelzellen wird mittels SOC- (state of charge) und temperaturabhängigen Lade- und Entladekennlinien modelliert. Der Innenwiderstand der Zellen wird ebenfalls in Abhängigkeit des Ladezustands und der Temperatur berücksichtigt. Anhand der bedateten Anzahl an seriell und parallel verschalteten Zellen ergibt sich über die Kirchhoffschen Regeln die Klemmenspannung der Traktionsbatterie. Die Ein- und Ausspeiseverluste werden mit einem konstanten Wirkungsgrad angenommen.

3.3 Aufbau des Gesamtfahrzeugmodells

Nachdem im vorangegangenen Abschnitt die Teilmodelle einzeln vorgestellt wurden, soll nun erläutert werden, wie sie miteinander verknüpft und zu einem Gesamtfahrzeugmodell verschaltet sind.

Als Beispiel wird ein konventionell angetriebener Roadster mit Heckantrieb herangezogen, weil dieses Fahrzeug auch im restlichen Verlauf der Arbeit als Untersuchungsobjekt dient. Die Verschaltung der Antriebsstrangkomponenten ist in Abbildung 3.1 dargestellt. Die Momentenübertragung verläuft ausgehend vom Verbrennungsmotor über die einzelnen Triebstrangkomponenten bis hin zum Reifen. Ebenfalls eingezeichnet sind die vom Momentenfluss abgehenden Verlustmomente – so, wie sie bei der Modellierung berücksichtigt und in Unterabschnitt 3.2.1 beschrieben wurden.

Im Reifenmodell wird mithilfe des Drallsatzes die Winkelbeschleunigung des Rads berechnet, aus der sich durch Integration die Drehzahl ergibt. Diese wird wiederum entlang der Komponentenkette des Triebstrangs zurückgereicht. Dabei wird sie im Achs- und Wechselgetriebe mit den jeweiligen Übersetzungen verrechnet, bevor sie schließlich den Verbrennungsmotor erreicht. Dort wird sie unter anderem im Motorkennfeld zur Bestimmung des abgegebenen Drehmoments benötigt, sodass sich der Informationskreislauf schließt. Zur Verhinderung von algebraischen Schleifen muss der Drehzahlpfad gegenüber den Drehmomenten um mindestens einen Berechnungsschritt verzögert sein.

Dieser Berechnungsablauf stellt eine Vorwärtssimulation dar, weil der Informationsfluss die gleiche Richtung wie die reale Momentenübertragung aufweist. Da es sich zudem um eine dynamische Simulation handelt, hängt das Ergebnis eines Berechnungsschritts vom vorherigen Systemzustand ab.

Neben dieser Beispieltopologie müssen in der frühen Konzeptphase auch noch zahlreiche andere Topologien untersucht werden. Deswegen besteht das Ziel darin, eine möglichst große Bandbreite an Topologien mit nur einem einzigen Gesamtfahrzeugmodell abbilden zu können. Das verspricht unter anderem den Zeitbedarf und die Fehleranfälligkeit bei der Modellpflege drastisch zu reduzieren.

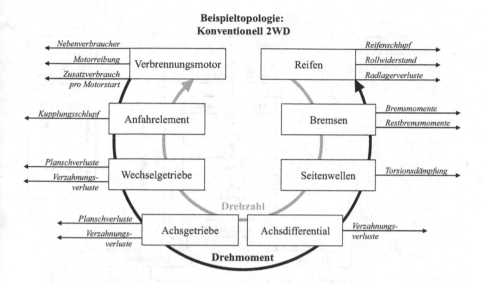

Abbildung 3.1: Momentenübertragung mit abgehenden Verlustmomenten (außen, schwarz) und Drehzahlübertragung (innen, grau) zur Veranschaulichung des Informationsflusses bei der Vorwärtssimulation

Um das zu ermöglichen, wurde eine Modellarchitektur entwickelt, welche alle relevanten Topologien in sich vereint. Sie wird im Folgenden als „Maximaltopologie" bezeichnet und ist schematisch in Abbildung 3.2 dargestellt. Die grau hinterlegten Modellbestandteile sind fest und bei jeder Fahrzeugvariante stets vorhanden. Die farblich nicht hinterlegten Komponenten können hingegen nach Bedarf deaktiviert bzw. aktiviert werden. Bei Deaktivierung wird das Bauteil durch ein Feedthrough-Modell ersetzt, das Signale benachbarter Komponenten (z. B. Drehmomente oder Drehzahlen) ohne Veränderung weiterreicht. Damit verhält sich eine deaktivierte Komponente genauso, als wäre sie gar nicht verbaut.

Nach [199] legt eine Topologie „die Existenz und räumliche Anordnung einzelner Antriebsstrangkomponenten im System" fest, was auch die Position von Komponenten wie Getriebe, Kupplungen usw. mit einschließt. Auch in [161, 181, 193, 194] werden Fahrzeugtopologien nach diesem Verständnis definiert. Mit der hier vorgestellten modularen Modellarchitektur können somit

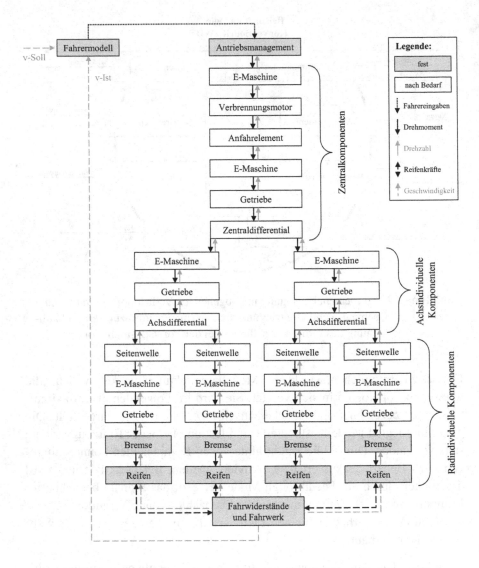

Abbildung 3.2: Modellarchitektur des Gesamtfahrzeugmodells mit der modularen
Maximaltopologie: Die grau hinterlegten Modellbestandteile sind
fest, die übrigen werden nur bei Bedarf verbaut.

mehr als tausend Topologien abgebildet werden, wenn man die vielfältigen Kombinationsmöglichkeiten berücksichtigt, die sich bei konventionellen und elektrischen Fahrzeugen sowie bei seriellen, parallelen und kombinierten Hybriden ergeben.

Zur weiteren Erläuterung der Modellarchitektur soll auf Abbildung 3.2 nun genauer eingegangen werden, beginnend mit dem Fahrermodell. Der Fahrerregler betätigt das Fahr- und Bremspedal mit dem Ziel, die Abweichung der Ist- von der Soll-Geschwindigkeit möglichst gering zu halten. Die Pedalwerte werden dann vom Antriebsmanagement in Lastvorgaben überführt und in Abhängigkeit der Topologie auf die jeweiligen Momentenquellen verteilt. Auch wenn zur Vereinfachung nur die Signalübertragung mit der ersten E-Maschine hinsichtlich des Soll-Drehmoments und der Ist-Drehzahl eingezeichnet ist, erfolgt dennoch ein Informationsaustausch zwischen allen verbauten Momentenquellen und dem Antriebsmanagement. Das Ist-Drehmoment der Momentenquelle(n) wird dann komponentenweise in die Richtung der Reifen weitergegeben. Für jede Komponente steht eine vordefinierte Auswahl an möglichen Modellvarianten zur Verfügung, z. B. beim Anfahrelement ein Wandler-, Kupplungs- und Feedthrough-Modell. In Abhängigkeit der Topologie wird jeweils das benötigte Teilmodell aktiviert. Wechsel- und Achsgetriebe werden dabei mit demselben Modell realisiert, indem die Anzahl der Gänge durch die Parametrierung festgelegt wird. Auch die Unterscheidung zwischen Benzin- und Diesel-Motoren oder zwischen ASM-, PSM- und FSM-Maschinen erfolgt vollständig durch die Bedatung und nicht anhand der Modellierung.

In den Reifenmodellen werden, wie in Unterabschnitt 3.2.1 erläutert, die jeweiligen Reifenumfangskräfte als Produkt aus Radlast und schlupfabhängigem Kraftschlussbeiwert μ berechnet. Die Reifenumfangskräfte werden dann an das Fahrwiderstandsmodell weitergereicht, wo sie für die in Gl. 3.1 gegebene Kräftebilanz benötigt werden. Dabei wird Gl. 3.1 nach der Fahrzeuglängsbeschleunigung a aufgelöst. Zum einen wird die so ermittelte Längsbeschleunigung im Fahrwerksmodell zur Berechnung der dynamischen Radlasten verwendet, die wiederum in die Reifenmodelle eingehen zur Bestimmung der Reifenumfangskräfte. Zum anderen ergibt sich aus der Längsbeschleunigung durch Integration die Fahrzeuggeschwindigkeit. Diese wird ebenfalls an die Reifenmodelle übergeben zur Bestimmung des Schlupfs. Zudem geht die Ge-

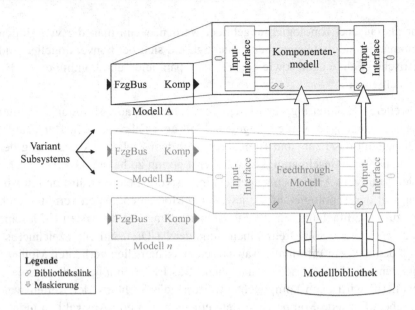

Abbildung 3.3: Schnittstellenmanagement für einen automatisierten Modellumbau
zur Darstellung verschiedener Topologievarianten

schwindigkeit auch in das Fahrermodell ein, womit sich der Informationskreislauf schließt.

Der Umschaltmechanismus zur Deaktivierung und Aktivierung einzelner
Komponenten basiert auf sogenannten Variant Subsystems. Sie lassen sich
durch Variant Control Objects im Base-Workspace von Matlab steuern. Das
ermöglicht einen dynamischen Modellaustausch zwischen dem Feedthrough-
Modell und einem oder mehreren (wie im Fall des Anfahrelements) Komponentenmodellen. Außerdem kann so auch zwischen Modellen mit unterschied-
lichem Detaillierungsgrad automatisiert gewechselt werden. Da die Fahrzeugkonzepte im fortschreitenden Projektverlauf immer weiter konkretisiert und
ausgearbeitet werden, ist es folglich auch sinnvoll, parallel zur ansteigenden
Informationsgenauigkeit und Parameterverfügbarkeit auch die Modellierungstiefe zu erhöhen. Darüber hinaus lassen sich mit Variant Subsystems auch
Fremdmodelle, z. B. von anderen Fachabteilungen oder Zulieferfirmen, einfach einbinden.

Für das Schnittstellenmanagement wurden spezielle Input- und Output-Interfaces eingeführt – siehe Abbildung 3.3. Im Output-Interface werden alle Ausgangssignale der jeweiligen Komponente in einen komponentenspezifischen Signalbus eingespeist, der wiederum in einen fahrzeugübergreifenden Signalbus mündet. Dadurch wird einerseits eine hierarchische Strukturierung erzielt und andererseits eine ortsunabhängige Verfügbarkeit aller relevanten Signale. Das Input-Interface extrahiert die benötigten Signale aus dem Fahrzeugbus und verbindet sie mit den Modelleingängen der Komponente. Somit legt allein das Input-Interface den Einbauort der Komponente fest. Komponenten, die in der Maximaltopologie mehrfach vorkommen, unterscheiden sich deshalb nur im Hinblick auf das Input-Interface. Das eigentliche Modell, das Feedthrough-Modell sowie das Output-Interface sind an den verschiedenen Einbauorten gleich. Deshalb werden sie in eine Modellbibliothek ausgelagert, um Redundanzen zu minimieren. Dies hat den Vorteil, dass sich etwaige Modelländerungen über die Bibliotheksreferenzierung automatisch auf alle Einbauorte auswirken, was den Wartungsaufwand und die Fehleranfälligkeit stark reduziert.

Bei der Einbindung von Fremdmodellen mit einer anderen Signalnamen-Nomenklatur können die Signale in den Input-Interfaces ohne Weiteres händisch und ortsindividuell umbenannt werden. In den Output-Interfaces sind prinzipiell keine Anpassungen erforderlich, da dank der Bibliothekszugehörigkeit ohnehin eine standardisierte (Um-)Benennung der Signale erfolgt.

Auch wenn sich die Funktionsweise, also die Modellierung, mehrfach verbauter Komponenten nicht unterscheidet, kann dennoch die Situation auftreten, dass sie hinsichtlich ihrer Eigenschaften, also der Parametrierung, unterschiedlich sein sollen. Die Variablen tragen allerdings aufgrund der Bibliotheksreferenzierung dieselben Bezeichnungen, was eine unterschiedliche Bedatung aufgrund von Namenskonflikten nicht zulässt. Dieses Problem lässt sich jedoch mithilfe einer sogenannten Maskierung lösen. Sie verhindert Namenskonflikte, weil sie einen lokalen Workspace erstellt, der dann ortsindividuell initialisiert werden kann. Dieses Vorgehen entspricht im Prinzip einem objektorientierten Modellierungsansatz. So stellen die Komponentenmodelle in der Bibliothek quasi die Objektklassen dar und durch die Maskierung können Objektinstanzen mit unterschiedlichen Attributen erstellt werden.

3.4 Aufbau des Simulationsframeworks

Das Gesamtfahrzeugmodell ist in Simulink modelliert und alle anderen Umfänge des Simulationsframeworks, wie das Pre- und Postprocessing, sind in Matlab umgesetzt. Nicht nur das Gesamtfahrzeugmodell, wie im vorherigen Abschnitt beschrieben, sondern auch das gesamte Simulationsframework folgen einem modularen Ansatz in Anlehnung an das Baukastenprinzip im Automobilbau. Dadurch soll die zunehmende Variantenvielfalt besser beherrschbar gemacht werden. Neben den Komponentenmodellen sind auch andere Bestandteile des Simulationsframeworks, die wieder- bzw. mehrfach verwendet werden, in zentrale Bibliotheken ausgelagert. Das Bibliothekssystem sowie der grundsätzliche Ablauf des Simulationsprozesses sind in Abbildung 3.4 dargestellt.

Zur Verbesserung der Anwenderfreundlichkeit wurde eine GUI (Graphical User Interface) aufgebaut. Im ersten Schritt assistiert diese den Anwender bei der Festlegung des zu simulierenden Fahrmanövers. Es können dabei vorkonfigurierte Manöver, wie z. B. der NEFZ, WLTP oder bestimmte Lastsprungmanöver, aus der Manöverbibliothek ausgewählt oder auch beliebig rekombiniert werden. Eine Manöverkonfiguration umfasst dabei das Soll-Geschwindigkeitsprofil (wahlweise über der Zeit oder Wegstrecke) sowie die Umgebungsbedingungen, wie z. B. Steigungsprofil, Temperatur und Luftdichte.

Im zweiten Schritt wird das zu simulierende Fahrzeug bestimmt. Dabei kann wahlweise ein bereits vorhandenes aus der Fahrzeugbibliothek ausgewählt oder ein neues konfiguriert werden. Die Fahrzeugkonfiguration definiert die jeweilige Antriebsstrangtopologie, die verbauten Komponenten sowie die Gesamtfahrzeugparameter (c_w-Wert, Leergewicht usw.). Das geschieht durch Verlinkungen auf die entsprechenden Dateien in der Topologie- und Komponentenparameter-Bibliothek. Die Gesamtfahrzeugparameter werden dabei in diesem Kontext wie eine „Komponente" behandelt und liegen somit auch in einer eigenen Datei.

Die Antriebsstrangtopologie definiert die Einbauorte der Komponenten und damit den Verlauf des Momentenflusses. Befindet sich bei einem Elektroauto beispielsweise die E-Maschine an der Hinterachse, so handelt es sich um eine andere Topologie als bei Vorderachsantrieb. Ein Dieselfahrzeug hätte hingegen

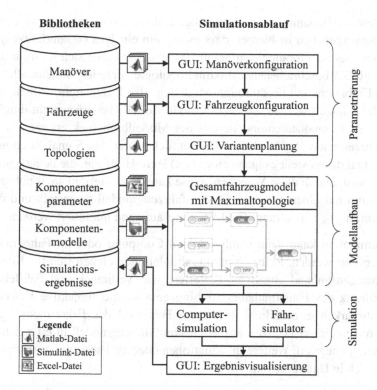

Abbildung 3.4: Informationsfluss innerhalb des Simulationsframeworks

die gleiche Topologie wie ein entsprechender Benziner aufgrund der gleichen Einbauorte und Kraftübertragungswege. Diese beiden Fahrzeuge würden sich also nur in der Komponentenbedatung unterscheiden.

Im nächsten Schritt besteht die Möglichkeit, zusätzliche Varianten zu erzeugen. Diese werden dann in einen Batchprozess zusammengefasst. Beispielsweise können einzelne (oder mehrere) Parameter, ganze Komponenten oder Fahrzeuge, aber auch Fahrmanöver variiert werden. Auch die Möglichkeit für mehrdimensionale vollfaktorielle Parametervariationen wurde implementiert. Für eine übersichtliche visuelle Darstellung werden die Varianten in der GUI in einer hierarchischen Baumstruktur angeordnet, die mit Java UITree-Objekten [3] umgesetzt wurde.

Nachdem die Bedatungsschritte nun abgeschlossen sind, folgt der Modellaufbau. Hervorzuheben ist hierbei, dass es nur ein einziges Gesamtfahrzeugmodell gibt, das alle Topologievarianten abdeckt. Dies lässt sich mithilfe der in Abschnitt 3.3 beschriebenen „Maximaltopologie" erzielen, welche alle sinnvollen Einbauorte mit Feedthrough-Modellen, also Platzhaltern, vorhält. Während der Laufzeit werden die Feedthrough-Modelle bedarfsgerecht durch die benötigten Komponentenmodelle aus der Modellbibliothek ersetzt. Das Gesamtfahrzeugmodell gibt also im Wesentlichen nur das Signal-Routing vor. Abgesehen davon stellt es quasi eine (fast) leere Hülle dar, die bedarfsgerecht befüllt wird. Durch diese Vorgehensweise kann eine Vielzahl an Topologievarianten mit nur einem einzigen Gesamtfahrzeugmodell dargestellt und damit der Handlings-, Verwaltungs- und Wartungsaufwand minimiert werden.

Die Simulation kann dann wahlweise am Computer oder im Fahrsimulator durchgeführt werden. Reine Computersimulationen eignen sich für Konzeptbewertungen anhand objektiver Kriterien, wie Verbrauch und Fahrleistung. Der Einsatz des Fahrsimulators ist hingegen für die subjektive Bewertung der Fahrbarkeit erforderlich. In diesem Fall wird das Fahrermodell durch einen realen Fahrer ersetzt und das Gesamtfahrzeugmodell in eine Echtzeitumgebung integriert. Weitere Informationen über die Fahrsimulator-Kopplung finden sich in Unterabschnitt 4.2.2.

3.5 Validierung der Simulationsergebnisse

Die Verifikation und Validierung der Modelle ist von großer Bedeutung, um zu belastbaren Aussagen und Schlussfolgerungen gelangen zu können. Im ersten Schritt wurden hierfür die Simulink-Modelle aus Abschnitt 3.2 einzeln auf Komponentenebene überprüft und mit Referenzergebnissen aus AVL Cruise verglichen. AVL Cruise ist eine in der Fahrzeugindustrie etablierte Simulationssoftware der AVL List GmbH. Eine Plausibilisierung mit Referenzsimulationen bietet den Vorteil, dass alle Randbedingungen kontrollier- und reproduzierbar sind und Ungenauigkeiten in der Modellierung somit besonders leicht zu identifizieren sind. Die Simulink- und AVL-Cruise-Modelle wurden identisch parametriert und mit denselben Eingangssignalen bespeist, um so die Simulationsergebnisse der jeweiligen Komponentenmodelle direkt miteinander vergleichen zu können.

Im zweiten Schritt wurde das Zusammenspiel der Einzelmodelle auf Systemebene betrachtet und das Verhalten des Gesamtfahrzeugmodells aus Abschnitt 3.3 untersucht. Die beiden Zielgrößen Fahrleistung und Verbrauch wurden mit AVL-Cruise-Fahrzeugmodellen plausibilisiert, die bei der Porsche AG in vorangegangenen Entwicklungsprojekten aufgebaut und mit Messungen validiert worden waren. Für die Fahrbarkeitsvalidierung ließen sich diese Modelle allerdings nicht heranziehen, da sie das transiente Systemverhalten nicht adäquat abbilden können. Deswegen wurden hierfür Fahrzeugmessungen von Versuchsfahrten auf einer Teststrecke verwendet.

Das entwickelte Simulationsframework bietet die Möglichkeit, eine äußerst große Anzahl an Topologien darzustellen, die sich jeweils wiederum vielfältig parametrieren lassen. Es ist offensichtlich, dass nicht alle denkbaren Varianten einzeln validiert werden können. Um dennoch eine möglichst allgemeingültige Aussage über die Ergebnisgüte des Modells treffen zu können, wurde versucht, möglichst unterschiedliche Validierungsszenarien abzudecken. Nach [109] spannen die einzelnen Validierungsszenarien mit ihren Zustandsgrößen einen Validierungsraum auf. Liegt ein neues, noch nicht validiertes Simulationsszenario – auch Applikationsraum genannt – innerhalb des Validierungsraums, bewegt es sich in einem Bereich, von dem in der Regel angenommen werden kann, dass er plausible Ergebnisse liefert [109]. Aus dieser Überlegung heraus wurden unterschiedliche Fahrzeugkonfigurationen, die zugleich nach Möglichkeit auch zu weit verbreiteten Standardtopologien gehören sollten, untersucht und anhand von Referenzsimulationen und Messungen plausibilisiert. Hierzu gehörten konventionelle Fahrzeuge mit und ohne Aufladung, diverse Parallelhybride sowie Elektrotopologien mit Ein- oder Mehrmotorkonzept.

Bei den Hybridtopologien ergaben sich je nach Fahrzyklus teilweise Abweichungen bei der Betriebsstrategie. Applikative Maßnahmen, wie zum Beispiel die Kupplungsapplikation beim Anfahren und in geringerem Maße beim Schalten, waren ebenfalls Auslöser von Abweichungen. Davon abgesehen war jedoch eine sehr gute Ergebnisgüte zu beobachten.

Da eine detaillierte Diskussion all der betrachteten Fahrzeugkonfigurationen den hier gesetzten Rahmen sprengen würde, sollen die Plausibilisierungser-

Tabelle 3.2: Fahrzeugparameter des Beispielkonzepts

Parameter	Wert
Gesamtfahrzeug:	
Fahrzeugtyp	Roadster
Leergewicht	1435 kg
Stirnfläche	1,983 m^2
c_w-Wert	0,313
Motor:	
Motortyp	Viertakt-Ottomotor
Motortechnologie	Sauger
Hubraum	2,7 L
Zylinderzahl	6
Triebstrang:	
Momentenfluss	RWD
Gangzahl	7
Hinterachsübersetzung	3,725

gebnisse im Folgenden nur exemplarisch anhand eines Roadster-Sportwagens genauer erläutert werden. Die Auswahl liegt darin begründet, dass dieses Fahrzeugkonzept auch im weiteren Verlauf der Arbeit als Untersuchungsbeispiel fungiert. Die Fahrzeugparameter sind in Tabelle 3.2 zusammengefasst.

Für dieses Fahrzeug sind in Abbildung 3.5a die Ergebnisse einer Verbrauchssimulation mit dem entwickelten Simulink-Gesamtfahrzeugmodell (schwarz) gegenübergestellt zu der Referenzsimulation mit AVL Cruise (grau). Dabei werden sowohl der Verbrauch bei kaltem (oben) als auch bei betriebswarmem (unten) Motorstart gezeigt. Es ist deutlich zu sehen, wie die mithilfe von Aufheizkurven dargestellten temperaturabhängigen Reibungsverluste zu einem deutlichen Mehrverbrauch bei kaltem Motorstart führen. In beiden Fällen liegt eine hinreichende Übereinstimmung zwischen der Simulink- und der Referenzsimulation vor. Die Abweichung des Gesamtverbrauchs beträgt jeweils rund 0,011 und somit < 1,5 %.

Eine der wichtigsten Aufgaben in der frühen Phase ist es, Konzeptvarianten zu bewerten und miteinander zu vergleichen. Dabei kommt es mehr auf die

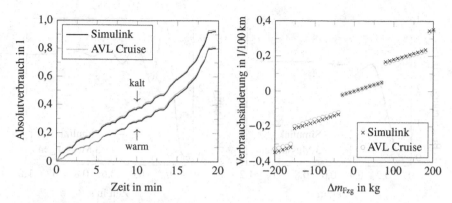

(a) NEFZ-Verbräuche bei kaltem (oben) und betriebswarmem (unten) Motorstart

(b) Sensitivität des NEFZ-Warmverbrauchs inkl. Schwungmassenklassen-Sprüngen

Abbildung 3.5: Validierung des Verbrauchs

relative als auf die absolute Genauigkeit an, wenn die Auswirkungen von technischen Änderungen gegeneinander abgewogen werden sollen. Deshalb zeigt Abbildung 3.5b beispielhaft das Ergebnis einer Parametervariation. Die Sensitivität des Verbrauchs auf Änderungen der Fahrzeugmasse weist eine sehr gute Übereinstimmung zwischen den beiden Simulationslösungen auf. Auf-

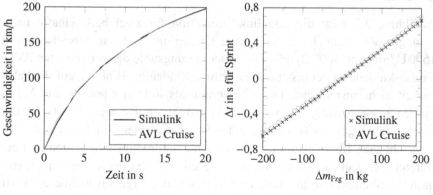

(a) Volllastbeschleunigung

(b) Sensitivität des 0–100 km/h-Sprints

Abbildung 3.6: Validierung der Fahrleistung

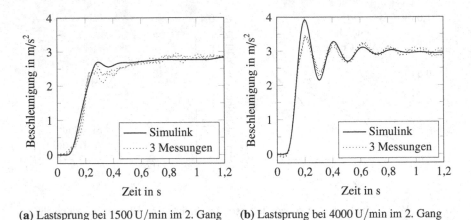

(a) Lastsprung bei 1500 U/min im 2. Gang   (b) Lastsprung bei 4000 U/min im 2. Gang

Abbildung 3.7: Validierung der Fahrbarkeit

grund der gewichtsabhängigen Einteilung in Schwungmassenklassen sind dabei mehrere Sprünge zu beobachten.

Für die Plausibilisierung der Fahrleistung sind in Abbildung 3.6a die Simulationsergebnisse einer Volllastbeschleunigung zu sehen. Die Beschleunigungszeiten von 0 auf 100 km/h weichen um < 1 % voneinander ab. Die Sensitivität dieser Beschleunigungszeiten auf Gewichtsänderungen ist in Abbildung 3.6b dargestellt.

Abbildung 3.7 zeigt die Simulink-Simulation für zwei beispielhafte Lastsprungmanöver auf 100 % Fahrpedalstellung im 2. Gang ausgehend von 1500 U/min und 4000 U/min. Die Modellierungstiefe der verwendeten AVL-Cruise-Modelle ist bei instationären Fahrzuständen im Hinblick auf die Fahrbarkeit nicht ausreichend. Deshalb werden als Referenz jeweils drei Messfahrten herangezogen, die auf einer Teststrecke mit einem Prototypen des Konzeptfahrzeugs aus Tabelle 3.2 aufgezeichnet wurden. Auch hier zeigt sich eine sehr gute Übereinstimmung zwischen der Simulink-Simulation und der Referenz. Es kann also angenommen werden, dass das in diesem Kapitel vorgestellte Simulationsframework eine ausreichende Ergebnisqualität aufweist. Folglich wird im nächsten Kapitel mit dem Einsatz des Simulationsframeworks im Fahrsimulator fortgefahren.

4 Subjektive Fahrbarkeitsbewertungen in Fahrsimulatoren

Nachdem das Simulationsframework für Konzeptberechnungen im vorangegangenen Kapitel entwickelt wurde, soll es nun im Fahrsimulator für subjektive Fahrbarkeitsbewertungen eingesetzt werden. Zu diesem Zweck wird im Anschluss an die Erläuterung der methodischen Vorgehensweise eine für fahrbarkeitsbezogene Untersuchungen geeignete Möglichkeit zur Manöverdarstellung im Fahrsimulator in Abschnitt 4.2 entwickelt. Sie wird daraufhin in Abschnitt 4.3 genutzt, um den im Simulatorumfeld minimal wahrnehmbaren Konzeptunterschied zu ermitteln. Damit lässt sich die Eignung von Fahrsimulatoren für Konzeptvergleiche beurteilen. Anschließend werden in Abschnitt 4.4 überschwellige Konzeptunterschiede hinsichtlich ihrer Fahrbarkeit subjektiv bewertet. Da meist skaliert werden muss bei besonders dynamischen Anwendungsfällen, z. B. bei Sportwagen, wird der Skalierungseinfluss auf die Unterschiedsschwelle und Fahrbarkeitsbewertungen ebenfalls untersucht. Schlussendlich werden in Abschnitt 4.5 verschiedene Fahrbarkeitsversuche im Simulatorumfeld sowie in Realität auf einer Teststrecke durchgeführt und die Ergebnisse zur Validierung der Methodik miteinander verglichen.

4.1 Vorgehensweise und Methodik

4.1.1 Verwendete Fahrsimulatoren

Wie in Unterabschnitt 2.3.2 bereits erläutert, werden Fahrsimulatoren üblicherweise in Low-, Mid- und High-Level-Systeme kategorisiert. Da im Hinblick auf Fahrbarkeitsuntersuchungen die Anforderungen an das Bewegungssystem besonders hoch sind, erscheint hier nur der Einsatz von High-Level-Simulatoren als zielführend. Die vorliegende Arbeit beschränkt sich deswegen auf diese Gruppe.

© Der/die Autor(en), exklusiv lizenziert durch
Springer Fachmedien Wiesbaden GmbH, ein Teil von Springer Nature 2021
E. Baumgartner, *Frontloading durch Fahrbarkeitsbewertungen in Fahrsimulatoren*, Wissenschaftliche Reihe Fahrzeugtechnik Universität Stuttgart, https://doi.org/10.1007/978-3-658-36308-6_4

(a) VFP2 [17]   (b) Stuttgarter Fahrsimulator [54]

Abbildung 4.1: In dieser Arbeit verwendete Fahrsimulatoren

Um die jeweiligen Vor- und Nachteile sowie die Einsatzgrenzen zu beleuchten, wurden die experimentellen Untersuchungen mit zwei unterschiedlichen Vertretern der High-Level-Fahrsimulatoren durchgeführt. Diese werden nachfolgend kurz beschrieben.

Virtueller Fahrerplatz 2 (VFP2)

In dieser Arbeit wurde als Vertreter der 6-DoF-Simulatoren der Virtuelle Fahrerplatz 2 (VFP2) der Dr. Ing. h. c. F. Porsche AG verwendet. Er ist die Weiterentwicklung des VFP1 und besteht aus einem Hexapod in Stewart-Ausführung sowie einer darauf montierten Plattform, die beliebige Nutzlasten mit bis zu 1,5 t tragen kann. In der am häufigsten genutzten Konfiguration wird eine Sitzkiste als Mockup angebracht. Abbildung 4.1a zeigt den VFP2 mit der in dieser Arbeit verwendeten Roadster-Sitzkiste. Der Hexapod befindet sich in einer Grube, sodass ein ebenerdiger Zugang und ein einfacher Mockup-Tausch möglich sind. Die Bewegungssystem-Grenzen des VFP2 bei einer Nutzlast von 500 kg, was näherungsweise dem Betrieb mit Sitzkiste entspricht, können Tabelle 4.1 entnommen werden. Die angegebenen Beschleunigungswerte können aufgrund des eingeschränkten Arbeitsraums jedoch nur für sehr kurze Zeiträume erreicht werden. [17]

Tabelle 4.1: Bewegungssystem-Grenzen des VFP2 [44]

Freiheitsgrad		Position	Geschwindigkeit	Beschleunigung
x	längs	$-0,48$ m bis $0,6$ m	$\pm 0,8$ m/s	± 15 m/s^2
y	quer	$\pm 0,5$ m	$\pm 0,8$ m/s	± 15 m/s^2
z	vertikal	$\pm 0,41$ m	$\pm 0,6$ m/s	± 15 m/s^2
ϕ	wanken	$\pm 23,8°$	± 35 °/s	± 600 °/s^2
θ	nicken	$-23,7°$ bis $26°$	± 35 °/s	± 700 °/s^2
ψ	gieren	$\pm 25,4°$	± 40 °/s	± 900 °/s^2

Die in dieser Arbeit genutzte Konfiguration des Visualisierungssystems besteht aus einer vierseitigen CAVE (Cave Automatic Virtual Environment) mit Rückprojektion, welche durch elf Barco-F50-Projektoren mit jeweils WQXGA (Wide Quad Extended Graphics Array)-Auflösung erfolgt. Diese erzeugen ein stereoskopes Bild mithilfe aktiver 3D-Shutterbrillen und optischem Head-Tracking. Der Sound wird durch eine Geräuschsimulation und mehrere Lautsprecher realisiert.

Stuttgarter Fahrsimulator

Als Vertreter eines 8-DoF-Systems wurde der Stuttgarter Fahrsimulator des FKFS und der Universität Stuttgart verwendet. Die Anlage besteht aus einem XY-Schlittensystem mit einem darauf installierten Hexapod in Stewart-Bauweise. Das Schlittensystem bietet dabei einen Arbeitsraum von 10 m in Längs- und 7 m in Querrichtung. Auf dem Hexapod ist eine Kuppel montiert, in der sich das Fahrzeugmockup befindet. Die maximale Nutzlast beträgt 4 t und der Kuppeldurchmesser 5,4 m. Damit bietet sie ausreichend Platz für ein Mockup mit vollständiger PKW-Karosserie. Es kann dank einer Fahrzeugwechselvorrichtung sowie standardisierter mechanischer und elektrischer Schnittstellen schnell getauscht werden. In dieser Arbeit wurde als Mockup ein Porsche 911 verwendet. [8, 54, 144, 170]

Die virtuelle Fahrzeugumgebung wird auf die Innenwand der Kuppel projeziert mittels zwölf ESP-LWXT-0,6-Projektoren, die jeweils eine WUXGA (Wide Ultra Extended Graphic Array)-Auflösung haben. Davon werden neun

Tabelle 4.2: Bewegungssystem-Grenzen des Stuttgarter Fahrsimulators [21]

Freiheitsgrad		Position	Geschwindigkeit	Beschleunigung
Schlitten:				
x	längs	$\pm 5\,\text{m}$	$\pm 2\,\text{m/s}$	$\pm 5\,\text{m/s}^2$
y	quer	$\pm 3,5\,\text{m}$	$\pm 3\,\text{m/s}$	$\pm 5\,\text{m/s}^2$
Hexapod:				
x	längs	$-0,453\,\text{m bis } 0,538\,\text{m}$	$\pm 0,5\,\text{m/s}$	$\pm 5\,\text{m/s}^2$
y	quer	$\pm 0,445\,\text{m}$	$\pm 0,5\,\text{m/s}$	$\pm 5\,\text{m/s}^2$
z	vertikal	$-0,387\,\text{m bis } 0,368\,\text{m}$	$\pm 0,5\,\text{m/s}$	$\pm 6\,\text{m/s}^2$
ϕ	wanken	$\pm 18°$	$\pm 30°/\text{s}$	$\pm 90°/\text{s}^2$
θ	nicken	$\pm 18°$	$\pm 30°/\text{s}$	$\pm 90°/\text{s}^2$
ψ	gieren	$\pm 21°$	$\pm 30°/\text{s}$	$\pm 120°/\text{s}^2$

für eine 241°-Frontprojektion eingesetzt sowie jeweils einer für die Ansicht des Innenspiegels und der beiden Rückspiegel. Die Geräuschkulisse wird mit verschiedenen Lautsprechern inner- und außerhalb des Mockups umgesetzt. Mithilfe von Shaker-Systemen können zudem Vibrationen realitätsnah dargestellt werden. Der Stuttgarter Fahrsimulator ist in Abbildung 4.1b dargestellt und die technischen Spezifikationen des Bewegungssystems in Tabelle 4.2. [8, 54, 144]

4.1.2 Wirkungskette der Fahrbarkeitsbewertung

Im Folgenden wird das Zusammenspiel der einzelnen Ereignisse und Wirkungen näher beleuchtet, deren Verkettung schlussendlich zu einem Subjektivurteil über die Fahrbarkeit führt. Der ursächliche Auslöser der Wirkungskette ist eine Fahrereingabe, zum Beispiel das Durchtreten des Fahrpedals bei einem Lastsprungmanöver. Auf die Fahrereingabe folgt eine Reaktion des Fahrzeugs, welche sich in einer Vielzahl physikalischer Reize äußert. Diese nimmt der Fahrer wiederum mit seinen Sinnesorganen wahr. Auf Grundlage seiner Wahrnehmung, die für sich genommen neutral und eher beobachtend ist, bildet sich der Fahrer ein wertendes Urteil darüber, inwieweit die Fahrzeugreaktion mit seinen persönlichen Erwartungen und Vorstellungen übereinstimmt. Dieses

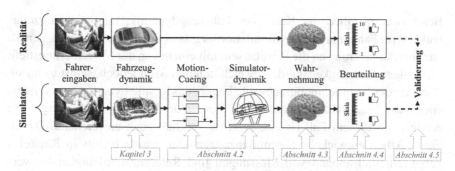

Abbildung 4.2: Wirkungskette bei Fahrbarkeitsbewertungen im Realfahrzeug (oben) und im Fahrsimulator (unten), angelehnt an [53]

subjektive Urteil stellt die Fahrbarkeitsbewertung dar. Wichtig ist in diesem Zusammenhang, dass zwischen der Höhe der physikalischen Reizintensität, der wahrgenommenen Intensität und dem Grad des Gefallens unterschieden werden muss. So könnte theoretisch eine um 25 % höhere Reizintensität vom Fahrer als nur um 20 % stärker wahrgenommen und als lediglich um 10 % „besser" beurteilt werden.

Die soeben beschriebene Wirkungskette bei in Realität getroffenen Fahrbarkeitsbewertungen ist in der oberen Hälfte von Abbildung 4.2 illustriert. Die untere Hälfte zeigt die Wirkungskette im Fahrsimulator. Um die Aussagekraft von Subjektivbewertungen im Fahrsimulator einordnen zu können, ist es essentiell, die potentiellen Ursachen für Unterschiede zur Realität zu kennen. Deswegen werden diese nachfolgend im Einzelnen besprochen.

Die Unterschiede zur Realität sind beim ersten Glied der Wirkungskette, den Fahrereingaben, vernachlässigbar gering. So kann einerseits bei standardisierten Manövern das Verhalten von geübten Fahrern, wie die Betätigungsgeschwindigkeit des Fahrpedals bei einem Lastsprungmanöver, als grundsätzlich gleich angesehen werden. Andererseits ist auch das Interface-Feedback in modernen Fahrsimulatoren sehr realitätsnah. So haben die in dieser Arbeit verwendeten Fahrsimulatoren Pedalerie- und Lenkradsysteme mit elektrischer Force-Feedback-Aktorik und parametrierbaren Kraft-Weg-Kennlinien [17, 119].

Beim zweiten Glied der Kette, der Fahrzeugdynamik, liegt die Fahrzeug-reaktion im Fahrsimulator als Simulationsergebnis vor. Diese kann naturgemäß nur eine Annäherung an die Realität sein mit einem von der Modellierungstiefe abhängigen Genauigkeitsgrad. Abweichungen müssen jedoch, selbst wenn sie oberhalb der Wahrnehmungsschwelle liegen, das Resultat von Konzeptvergleichen nicht zwangsläufig entkräften, da diese in der Regel als Relativvergleiche erfolgen. In diesem Fall ist eine relative Validität auch ausreichend. Das in dieser Arbeit entwickelte Gesamtfahrzeugmodell wurde bereits in Kapitel 3 vorgestellt und anhand von Messungen und Referenzsimulationen für verschiedene Fahrzeugkonfigurationen hinreichend validiert.

Beim Motion-Cueing, dem nächsten Übertragungsglied der Wirkungskette, können nach [53, 67] die folgenden Fehlertypen unterschieden werden, die einzeln oder kombiniert auftreten können:

- Phasenfehler (zeitlicher Versatz),

- Skalierungsfehler (spürbarer Amplitutenunterschied zwischen erwarteter und dargebotener Beschleunigung),

- falsche Motion Cues (Formfehler, falsche Wirkrichtung oder an sich nicht vorgesehener Reiz),

- fehlende Motion Cues.

Das darauffolgende Element der Wirkungskette ist die Dynamik des Bewegungssystems. Auch sie kann den Beschleunigungsverlauf verändern, etwa durch zusätzliche Latenzzeiten oder Dynamik-Limitierungen bei stark ruckhaften Bewegungen. Die Einflüsse des Motion-Cueings und der Simulatordynamik werden gemeinsam in Abschnitt 4.2 adressiert im Zuge der Entwicklung einer geeigneten Darstellungsmöglichkeit von Lastsprungmanövern.

Aufgrund der multisensorischen Wahrnehmung spielen beim vorletzten Übertragungsglied der Kette nicht nur vestibuläre, sondern auch somatosensorische, visuelle und akustische Stimuli eine – wenn auch nur untergeordnete – Rolle. Die Wahrnehmung als ein subjektives Element der Wirkungskette wird in Abschnitt 4.3 untersucht. Dort wird der im Fahrsimulator minimal wahrnehmbare Konzeptunterschied ermittelt.

Konzeptunterschiede, die unterhalb dieser Wahrnehmungsschwelle liegen, haben keinen Einfluss auf das letzte Glied der Wirkungskette: der Fahrbarkeitsbewertung. Wie jedoch darüber liegende Konzeptunterschiede im Fahrsimulator subjektiv beurteilt werden, wird in Abschnitt 4.4 analysiert.

Schließlich wird in Abschnitt 4.5 die komplette in Abbildung 4.2 gezeigte untere Wirkungskette (Fahrsimulator) mit der oberen (Realität) verglichen und validiert. Dies erfolgt mithilfe realer Messfahrten sowie für zwei unterschiedliche Fahrsimulatoren.

4.2 Manöverdarstellung im Fahrsimulator

4.2.1 Spezifizierung des Untersuchungsszenarios

Down- bzw. Rightsizing als Anwendungsbeispiel

Bereits seit mehreren Jahren hat sich das Downsizing von Motoren zur Verringerung des Kraftstoffverbrauchs und der Emissionen etabliert. Dieser Trend zum Downsizing ist bis heute ungebrochen und praktisch alle Automobilhersteller setzen diese Maßnahme in ihren aktuellen Modellen ein. Downsizing wird dabei sowohl bei rein konventionellen [134, 141, 178, 220] als auch hybriden Antrieben [166, 221] genutzt.

Im Allgemeinen wird unter Downsizing eine Verringerung des Motorhubraums mit dem Ziel der Verbrauchsreduktion verstanden [187]. Die gleichzeitige Aufladung mit einem Abgasturbolader (ATL) soll hierbei Leistungseinbußen verhindern. Häufig kann die Motorleistung trotz des verringerten Hubraums sogar gesteigert werden. In diesem Fall wird das Prinzip des Downsizings oftmals zusätzlich mit Downspeeding kombiniert. Darunter versteht man die Absenkung der Motordrehzahl durch eine veränderte Gesamtgetriebeübersetzung [187]. Ein durch die Aufladung erhöhtes Leistungsniveau ermöglicht die Verschiebung des Betriebspunkts in Richtung niedrigerer Drehzahlen und höherer Lasten. Dadurch kann der effektive Wirkungsgrad weiter verbessert werden. [141, 187]

In der frühen Konzeptphase schneiden aufgeladene Downsizing-Motoren bei einer Beurteilung anhand der objektiven Kriterien Fahrleistung und Verbrauch in der Regel besser ab als vergleichbare Saugmotoren, da sie in beiden Disziplinen Vorteile bieten. Bei einer ganzheitlichen Bewertung muss das jedoch nicht zwangsläufig der Fall sein. Aus Fahrbarkeitssicht sind sie bei niedrigen Drehzahlen einem Motor mit größerem Hubraum aufgrund einer schwächeren Gasannahme, dem sogenannten „Turboloch", unterlegen. Dies wird durch Downspeeding noch verschärft, da sich dadurch der Nutzungsbereich hin zu niedrigeren Drehzahlen verschiebt.

Das verschlechterte Ansprechverhalten ist insbesondere im Luxus- und Sportwagensegment problematisch, da der Kunde von hochpreisigen Fahrzeugen mit hoher Motorleistung auch im Fahrbetrieb eine entsprechende Leistungsentfaltung und Agilität erwartet. Dem versucht man in der Automobilindustrie unter dem Stichwort „Rightsizing" gerecht zu werden [42, 97, 206, 220]. Darunter versteht man das Bestreben, den Zielkonflikt zwischen Fahrleistung, Verbrauch und Fahrbarkeit mit einem ausgewogenen Maß an Downsizing und Downspeeding zu lösen.

Ein ganzheitliches Optimum im Sinne des Rightsizings könnte bereits in der frühen Konzeptphase durch Bewertungen im Fahrsimulator gefunden und subjektiv bestätigt werden. Kosten und Entwicklungszeit ließen sich somit durch Frontloading verringern und der Reifegrad erhöhen. Deswegen wird in dieser Arbeit der Rightsizing-Zielkonflikt als praxisrelevanter Anwendungsfall ausgewählt und untersucht.

Lastsprungreaktionen verschiedener Motorvarianten

Im Folgenden wird für verschiedene Motorvarianten aufgezeigt, wie Downsizing die Lastsprungreaktion beeinflusst. In dieser Arbeit werden nur Lastsprungmanöver betrachtet, bei denen ein Fahrpedalsprung auf 100 % ausgehend von einer konstanten Motordrehzahl erfolgt. Bei Fahrbarkeitsbewertungen wird in der Regel hierbei der Gang konstant gehalten, um das Motorverhalten ohne überlagerte Gangwechsel beurteilen zu können [81].

Der Auswertezeitraum eines Lastsprungmanövers hat Einfluss darauf, welche Bewertungskriterien in den Vordergrund rücken. So legt eine längere Auswertezeit den Schwerpunkt eher auf den hinteren Teil des Beschleunigungsverlaufs, wohingegen eine kurze Auswertezeit die initiale Spontaneität betont. Die übliche Auswertezeit für Gesamtbeurteilungen beträgt bei der Porsche AG 1,2 s [12]. Auch wenn dieser Zeitraum recht kurz erscheint, haben Versuche mit Fahrbarkeitsexperten bei Porsche ergeben, dass der Fahreindruck nach dieser Zeitspanne sehr gut widerspiegelt, als wie dynamisch ein Fahrzeug im Gesamten bewertet wird. Deswegen wird in der vorliegenden Arbeit auch stets eine Lastsprung-Auswertedauer von 1,2 s zugrunde gelegt.

Damit bei Porsche im Rahmen einer Fahrbarkeitsbewertung ein Lastsprung als solcher gewertet wird, muss nach [81] der Pedalgradient mindestens 500 %/s betragen. Bei der Standardausführung ist der Gradient auf 1000 %/s angesetzt. Dies entspricht einem ca. 0,1 s dauernden, schnellen Pedaltritt. Geübte Fahrer können einen solchen Gradienten gut reproduzieren, wie aus Abbildung 4.3 (oben) ersichtlich wird. Dargestellt sind die Fahrpedalstellungen eines einzelnen Fahrers bei insgesamt zwölf Lastsprung-Messungen. Es wurden jeweils drei Manöver mit zwei unterschiedlichen Motorvarianten sowie Drehzahlen durchgeführt. Anhand der Pedalstellungen lässt sich der Manöverbeginn jedoch nicht klar erkennen aufgrund der „abgerundeten" Verläufe. Deshalb wird in dieser Arbeit als einheitlicher Bezugspunkt für den Manöverstart der Zeitpunkt mit 50 % Pedalstellung definiert.

Am Beispiel des bereits in Abschnitt 3.5 betrachteten Sportwagen Roadsters sollen nun die Lastsprungreaktionen verschiedener Motorvarianten untersucht werden. Die Fahrzeugparameter des Roadsters können Tabelle 3.2 entnommen werden. Bei einer Downsizing-Maßnahme verringert sich das Hubraumvolumen und damit das stationäre Volllastmoment. Dadurch wird wiederum die sich ergebende Fahrzeugbeschleunigung bei einem Lastsprungmanöver in näherungsweise proportionaler Weise vermindert. Dies lässt sich in Abbildung 4.3 (unten) gut erkennen, wo die Beschleunigungen des Roadsters im 2. Gang bei 1500 U/min und 4000 U/min mit einem 3,4 L- sowie 2,7 L-Saugmotor gegenübergestellt sind. Das Verhalten bei 4000 U/min ist durch überlagerte Antriebsstrangschwingungen charakterisiert. Beide Motorisierungsvarianten erreichen im gesamten Drehzahlbereich ihr jeweiliges Volllastmoment sehr zügig und weisen somit eine hohe Direktheit und Spontaneität auf.

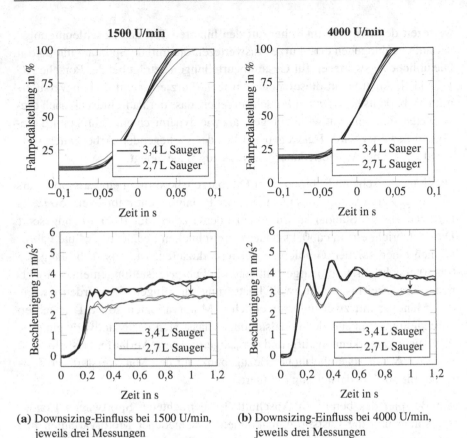

(a) Downsizing-Einfluss bei 1500 U/min, jeweils drei Messungen

(b) Downsizing-Einfluss bei 4000 U/min, jeweils drei Messungen

Abbildung 4.3: Lastsprungreaktionen eines Roadsters im 2. Gang für zwei verschiedene Hubraumvarianten eines B6-Saugmotors

Die Lastsprungreaktion desselben Roadsters mit zwei downgesizten Turbomotoren ist bei 1500 U/min in Abbildung 4.4a zu sehen. Sowohl bei der 2,5 L- als auch der 2,0 L-Variante ist das Turboloch gut zu erkennen. So befinden sich beide nach Ablauf der Auswertezeit von 1,2 s (gestrichelte vertikale Linie) immer noch auf dem anfänglichen Niveau des Spontanmoments. Die Beschleunigungen sind zu diesem Zeitpunkt aufgrund des reduzierten Hubraums deutlich niedriger als bei ihren saugmotorischen Vergleichsmotoren. Die stationäre Volllast der Turbomotoren ist zwar höher aufgrund der Aufladung, wird

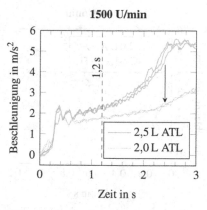
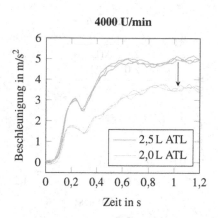

(a) Downsizing-Einfluss bei 1500 U/min, jeweils drei Messungen

(b) Downsizing-Einfluss bei 4000 U/min, jeweils drei Messungen

Abbildung 4.4: Lastsprungreaktionen eines Roadsters im 2. Gang für zwei verschiedene Hubraumvarianten eines B4T-Ladermotors

jedoch spät erreicht. Insbesondere die 2,0 L-Variante benötigt besonders lange, da sie aufgrund des geringen Hubraums langsamer hochdreht. Die Situation bei 4000 U/min ist für einen Zeitraum von 1,2 s in Abbildung 4.4b dargestellt. Hier wird die stationäre Volllast deutlich früher erreicht, da der Ladedruck in diesem Drehzahlbereich von Beginn an sehr hoch ist. Dementsprechend besitzen die beiden downgesizten Turbomotoren bei hohen Drehzahlen eine gute Gasannahme und hohe Souveränität. Bei niedrigen Drehzahlen weisen sie allerdings eine geringere Drehfreude und ein ausgeprägtes Turboloch auf.

Es existieren verschiedene Technologien, um die Auswirkungen eines Turbolochs abzuschwächen und den Ladedruckaufbau zu verbessern. Dazu zählen unter anderem die Ladeluftkühlung, variable Turbinengeometrien, mehrstufige Aufladeeinheiten sowie elektrisch unterstützte Abgasturbolader (euATL). Eine Besonderheit von euATL-Systemen ist ihre Fähigkeit zur Rekuperation kinetischer Energie, da die mit dem Turboladerlaufzeug gekoppelte elektrische Maschine schließlich auch generatorisch betrieben werden kann [38, 212]. Das Rekuperationspotential liegt dabei deutlich über dem Energiebedarf für das Antreiben des Laufzeugs, weshalb ein euATL als Nettobeitragender für das Bordnetz anzusehen ist [38]. Neben Downsizing unterstützen euATL-Syste-

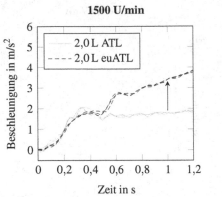
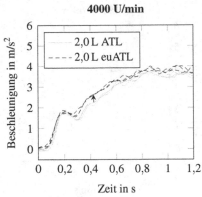

(a) Einfluss der elektrischen Unterstützung bei 1500 U/min, jeweils drei Messungen

(b) Einfluss der elektrischen Unterstützung bei 4000 U/min, jeweils drei Messungen

Abbildung 4.5: Lastsprungreaktionen eines Roadsters im 2. Gang für einen downgesizeten B4T-Ladermotor ohne und mit euATL

me auch Downspeeding aufgrund der verbesserten Drehmomentcharakteristik im unteren Drehzahlband. Zudem lassen sich elektrifizierte Turbolader gut mit 48 V-Bordnetzsystemen, Mild- und Plug-in-Hybriden kombinieren [38].

Die Lastsprungreaktion bei 1500 U/min des soeben betrachteten downgesizten 2,0 L-Turbomotors, jedoch mit zusätzlichem euATL, ist in Abbildung 4.5a zu sehen. Zum Vergleich ist der Turbomotor ohne elektrische Unterstützung ebenfalls abgebildet. Der durch den euATL deutlich verbesserte Ladedruckaufbau ist klar erkennbar. In Abbildung 4.5b ist das Verhalten bei 4000 U/min dargestellt. Auch hier erhöht die elektrische Unterstützung das Beschleunigungsvermögen. Der Unterschied fällt jedoch deutlich geringer aus, da in diesem Drehzahlbereich der Ladedruck auch ohne weitere technische Maßnahmen von Beginn an hoch ist.

Festlegung des Untersuchungsbeispiels

Als Untersuchungsbeispiel für den Rightsizing-Zielkonflikt werden in dieser Arbeit die drei Motorisierungsvarianten Sauger sowie ATL mit und ohne elektrische Unterstützung herangezogen. Im Vergleich zum Sauger weisen die

Tabelle 4.3: Zu untersuchende Fahrzeugkonzepte

	Konzept A	Konzept B	Konzept C
Motortechnologie	Sauger	euATL	ATL
Hubraum	2,7 L	2,0 L	
Zylinderzahl	6	4	
Hinterachsübersetzung	3,725	3,621	
Restfahrzeug	gleich (siehe Tabelle 3.2)		

beiden aufgeladenen Motoren ein verringertes Hubraumvolumen auf (Downsizing) und eine niedrigere Hinterachsübersetzung (Downspeeding). Tabelle 4.3 stellt die drei Fahrzeugkonzepte einander gegenüber.

Als Versuchsträger kommt der in Abschnitt 3.5 betrachtete Roadster-Sportwagen zum Einsatz. Die Wahl fällt aus zweierlei Gründen auf dieses Fahrzeug. Zum einen spielt bei Sportwagen die Fahrbarkeit als emotionales Bewertungskriterium eine besonders große Rolle beim Fahrzeugkauf. Zum anderen sind Sportwagen aufgrund ihrer hohen Dynamik äußerst herausfordernd hinsichtlich ihrer Darstellung im Fahrsimulator. Damit eignen sie sich im besonderen Maße als „Prüfstein" für Fahrbarkeitsbewertungen im Fahrsimulator.

Zur Beurteilung der Fahrbarkeit werden Lastsprünge bei verschiedenen Motordrehzahlen durchgeführt. Abbildung 4.6 zeigt die Lastsprungreaktionen der drei Konzeptvarianten für die beispielhaften Drehzahlen 1500 U/min und 4000 U/min. Dargestellt sind sowohl die Beschleunigungsverläufe aus Prototypenmessungen (dünne Linien) sowie aus Gesamtfahrzeugsimulationen mit dem in Kapitel 3 vorgestellten Simulationsframework (dicke Linien).

Die Untersuchungseckdaten lassen sich schließlich wie folgt zusammenfassen:

• Kontext: Rightsizing-Zielkonflikt

• Triebstrangvarianten: Sauger ↔ euATL ↔ ATL (siehe Tabelle 4.3)

• Fahrzeug: Sportwagen Roadster (siehe Tabelle 3.2)

• Manöver: Lastsprünge auf 100 % Fahrpedalstellung im 2. Gang

• Fahrsimulatoren: VFP2 und Stuttgarter Fahrsimulator

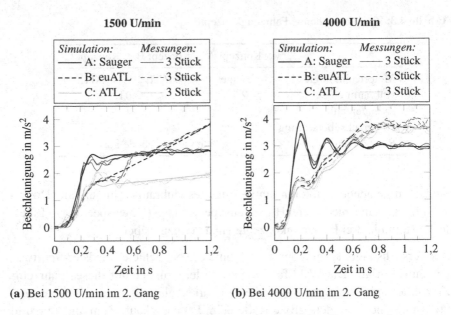

(a) Bei 1500 U/min im 2. Gang   **(b)** Bei 4000 U/min im 2. Gang

Abbildung 4.6: Lastsprungreaktionen der zu untersuchenden Konzeptvarianten

4.2.2 Umsetzung von Lastsprüngen im Fahrsimulator

Nachfolgend wird eine geeignete Möglichkeit zur Darstellung von positiven Lastsprüngen im Fahrsimulator ausgearbeitet. Dabei wird zunächst die Einbindung des entwickelten Simulationsframeworks in die Fahrsimulatorumgebung vorgestellt. Anschließend wird die allgemeine Vorgehensweise zur Darstellung von Lastsprüngen behandelt, bevor auf die spezifischen Besonderheiten beim Motion-Cueing im VFP2 und Stuttgarter Fahrsimulator eingegangen wird.

Kopplung zwischen Simulationsframework und Fahrsimulator

Im VFP2 erfolgt die Fahrdynamiksimulation in einer Porsche-eigenen Simulationsumgebung in Matlab/Simulink namens SimEnv. Zur Herstellung einer Fahrsimulator-Kopplung wurde das Gesamtfahrzeugmodell aus Kapitel 3 in SimEnv eingepflegt, jedoch ohne Fahrermodell und Fahrwerk. Das Fahrermodell wird offensichtlich durch einen realen Fahrer substituiert und die Abbildung des Fahrwerks wird von SimEnv übernommen, da die Modellierungstiefe hinsichtlich der Fahrdynamik dort deutlich höher ist und auch die Querdynamik umfasst. Dies ermöglicht es, den „Maximaltopologie"-Triebstrang aus Kapitel 3 auch für Kurvenfahrten zu nutzen, wenngleich von dieser Möglichkeit in der vorliegenden Arbeit kein Gebrauch gemacht wird. Das Modell wird mit einem ODE-Solver mit einer Rechenschrittweite von 1 ms ausgeführt und läuft auf einem dSPACE Scalexio-Echtzeitsystem.

Im Stuttgarter Fahrsimulator erfolgt die Fahrdynamiksimulation mittels IPG CarMaker auf einem Xpack4-Echtzeitsystem. Hier wird das „Maximaltopologie"-Triebstrangmodell mit IPG CarMaker gekoppelt anstatt mit SimEnv. Davon abgesehen ist die grundsätzliche Vorgehensweise allerdings gleich. Das Modell kommuniziert bei beiden Fahrsimulatoren mit den anderen Systemkomponenten über Ethernet-Verbindungen per UDP (User Datagram Protocol). Für die Konfiguration und zur Veränderung von Parametern während der Laufzeit wird TCP (Transmission Control Protocol) genutzt. Zusätzlich zu UDP steht im Stuttgarter Fahrsimulator auch ein integriertes Reflective-Memory-Netzwerk für einen schnellen Datenaustausch zur Verfügung. [54]

Manöverausführung

Mit dem entwickelten Fahrzeugmodell ist im Simulator ein „freies Fahren" möglich, also eine im Vorfeld nicht festgelegte Fahrweise. Für die Darstellung von so hochdynamischen Manövern wie einem Lastsprung ist dies jedoch nicht vorteilhaft, da das Bewegungspotential des Simulators nur dann optimal ausgenutzt werden kann, wenn das Fahrprofil bereits im Voraus bekannt und das Motion-Cueing darauf angepasst ist.

Deswegen wurde eine teilautomatisierte Manöverausführung implementiert, bei welcher der Fahrer nur den Startzeitpunkt des Manövers durch das Betätigen des Fahrpedals selbst festlegt. Werden die Triggerbedingungen erfüllt (Pedalstellung 50 % und Pedalgradient > 500 %/s, siehe Seite 75), so wird ein im Vorfeld festgelegter und simulierter Beschleunigungsverlauf automatisiert abgespielt. Nach 1,2 s beendet der Simulator ebenfalls automatisiert die vorwärtsgerichtete translatorische Beschleunigung. Dies erfolgt unabhängig von der zu beurteilenden Triebstrangkonfiguration anhand des in [179] beschriebenen Verfahrens zur Trajektorienplanung mithilfe einer Sigmoid-Funktion.

Dadurch wird ein potentieller Einfluss des Abbremsens auf die Lastsprung-Bewertung minimiert.

Diese „Playback"-Methode ermöglicht nicht nur ein maximales Ausreizen des Arbeitsraums, sondern auch die größtmögliche Reproduzierbarkeit im Versuchsablauf. Da bei Fahrbarkeitsuntersuchungen möglichst geringe Konzeptunterschiede aufgelöst und bewertet werden sollen, ist eine hohe Reproduzierbarkeit sehr wichtig. Professionelle Testfahrer können vorgegebene Manöver zwar relativ präzise ausführen, aber dennoch sind selbst bei ihnen intra- und interpersonelle Schwankungen nicht vermeidbar. Eine abweichende Lastsprung-Ausführung würde bei einer Online-Simulation jedoch auch zu einer anderen Fahrzeugreaktion führen. Damit wäre nicht klar, ob eine veränderte Bewertung durch einen Konzeptunterschied oder eine abweichende Manöverausführung verursacht wurde. Bei der Playback-Methode hingegen erleben und bewerten alle Probanden jedes Mal genau das Gleiche.

Darüber hinaus erleichtert dieser teilautomatisierte Ansatz den Versuchsablauf für die Probanden deutlich. Sie müssen sich nicht darauf konzentrieren, die Ausgangsdrehzahl genau einzustellen, das Fahrpedal wie vorgegeben zu betätigen und die Auswertezeit von $1,2$ s einzuhalten. Stattdessen können sie ihre Aufmerksamkeit voll auf die Wahrnehmung und Bewertung der Manöver richten. Viele Probanden haben die teilautomatisierte Manöverausführung dementsprechend auch als sehr hilfreich und intuitiv beschrieben.

Motion-Cueing

Zur optimalen Ausnutzung der Bewegungsmöglichkeiten wird das Motion-Cueing an die technischen Gegebenheiten im VFP2 und im Stuttgarter Fahrsimulator jeweils angepasst.

Virtueller Fahrerplatz 2   Vor jedem Lastsprungmanöver wird die Bewegungsplattform des VFP2 am äußersten Rand des Arbeitsraums vorpositioniert, sodass der volle Bewegungsraum zur Verfügung steht, wenn der Fahrer das Fahrpedal betätigt. Nach dem Manöverstart fährt der Simulator dann nach vorne und beendet rechtzeitig vor der Begrenzung die translatorische Bewegung. Die hochfrequenten Anteile des Beschleunigungsverlaufs werden dabei durch Translation abgebildet und die niederfrequenten Anteile ($< 0{,}25\,\mathrm{Hz}$) durch Tilt-Coordination. Als Frequenzweiche werden nur komplementäre Filter erster Ordnung mit identischen Eckfrequenzen verwendet. Nach [163] stellt dieses Vorgehen sicher, dass die Signale nicht verfälscht werden.

Die Lastsprung-Beschleunigungen müssen mit einem Skalierungsfaktor von 0,5 beaufschlagt werden, um dargestellt werden zu können. Dies ist ein guter Wert, wenn man berücksichtigt, dass die Beschleunigung eines Sportwagens im Fahrsimulator nachgebildet wird. Motion Cues mit solch einem Skalierungsfaktor werden von Probanden immer noch als realistisch empfunden [19, 53, 68]. Der skalierte Beschleunigungsverlauf entspräche mit den gegebenen Übersetzungsverhältnissen des hier betrachteten Fahrzeugkonzepts in Realität näherungsweise einem Lastsprung im 5. Gang statt einem im 2. Gang.

Stuttgarter Fahrsimulator Analog zum VFP2 werden auch im Stuttgarter Fahrsimulator die sich langsam aufbauenden Beschleunigungsanteile durch Tilt-Coordination realisiert und die höheren Frequenzen durch Translation. Die translatorischen Freiheitsgrade können dabei sowohl vom Schlittensystem als auch vom Hexapod bedient werden. Um den großen Arbeitsraum des Schlittensystems mit der hohen Dynamik des Hexapods zu kombinieren, werden mittlere Frequenzen durch den Schlitten und hohe Frequenzen durch den Hexapod umgesetzt. Grundsätzlich weisen Hexapode außerdem bei starken Auslenkungen aufgrund der kinematischen Kopplung Bewegungseinschränkungen in den anderen Freiheitsgraden auf. Auch aus dem Grund wird der Hexapod nur für hohe Frequenzen verwendet, um seinen translatorischen Arbeitsraum möglichst wenig auszuschöpfen und somit das Bewegungspotential in den rotatorischen Freiheitsgraden zu erhöhen. Das Vorgehen ist in Abbildung 4.7 veranschaulicht.

Die Manövervorpositionierung bei einem Lastsprung besteht aus einer Rückwärtsfahrt, die derart gestaltet wird, dass sie für den Fahrer nicht wahrnehmbar ist. Sobald der Fahrer das Gaspedal betätigt, wird die Rückwärtsbewegung abgebrochen und der Simulator fährt nach vorne. Nach Ablauf der Manöverdauer von 1,2 s beendet der Simulator die vorwärtsgerichtete translatorische Beschleunigung, um innerhalb des Arbeitsraums zu bleiben.

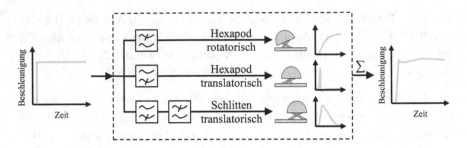

Abbildung 4.7: Prinzipielle Funktionsweise des Motion-Cueings im Stuttgarter
Fahrsimulator nach [145]

Das unkonventionelle Vorgehen hinsichtlich der Manövervorpositionierung
wird mithilfe von Abbildung 4.8 veranschaulicht. Die Rückwärtsfahrt soll
für den Probanden unbemerkt bleiben. Dies lässt sich erreichen, indem die
translatorische Rückwärtsbewegung mit einer entgegengesetzt gerichteten
Tilt-Coordination derart überlagert wird, dass sich die beiden Bewegungen
in der vestibulären Wahrnehmung gegenseitig aufheben. Der Vorteil dieses
Vorgehens liegt darin, dass in dem Augenblick, in dem der Fahrer das Fahrpedal betätigt und die translatorische Rückwärtsbewegung gestoppt wird, sofort
schon ein Tilt-Winkel anliegt. Dadurch wird das Problem umschifft, dass die
Tilt-Coordination nur sehr langsam aufgebaut werden kann. Der direkt zum
Lastsprung-Start anliegende Tilt-Winkel ermöglicht eine schlagartige, aber
dennoch lang anhaltende, hohe wahrgenommene Beschleunigung während
des Manövers.

Die Rückwärtsfahrt wird vom Versuchsleiter gestartet und wie in Abbildung 4.8 zu sehen, ist nach 4,5 s der gewünschte rotatorische Beschleuni-
gungsanteil von $1 \, m/s^2$ erreicht. In dem Moment leuchtet im Cockpit des
Mockups eine Signalleuchte grün auf und zeigt dem Fahrer an, dass er das
Manöver starten kann. Ihm steht nun ein Zeitfenster von ca. 2,5 s zur Verfügung, um das Fahrpedal zu betätigen. Versäumt er das, so ist kein gültiges
Lastsprungmanöver möglich, da die Rückwärtsbewegung dann aufgrund des
endlichen Arbeitsraums beendet werden muss. In solch einem Fall sollte das
Manöver aber ohnehin wiederholt werden, da der Proband höchstwahrschein-
lich abgelenkt war.

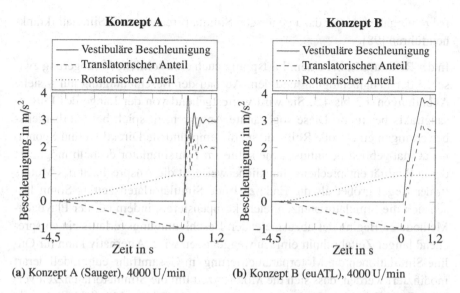

(a) Konzept A (Sauger), 4000 U/min   **(b)** Konzept B (euATL), 4000 U/min

Abbildung 4.8: Manöverumsetzung und -vorpositionierung im Stuttgarter Fahrsimulator, dargestellt für zwei exemplarische Lastsprungmanöver

Mit der beschriebenen Vorgehensweise lassen sich sehr hohe Beschleunigungen erzielen. Die untersuchten Lastsprungreaktionen können auf diesem Wege im Stuttgarter Fahrsimulator mit einem Skalierungsfaktor von 1, also unskaliert, abgebildet werden.

Übertragungsverhalten der Simulatoren

Es ist wichtig sicherzustellen, dass die Signale, die vom Motion-Cueing als Sollbewegungen an das Bewegungssystems weitergegeben werden, von diesem auch unverzerrt dargestellt werden. Dafür muss das Übertragungsverhalten des Fahrsimulators berücksichtigt werden, insbesondere die Latenzzeiten. Die Berechnungs- und Signallaufzeiten, Aktuatoriklatenzen und die mechanische Trägheit der Anlage führen zu nicht unerheblichen Gesamtverzögerungszeiten. Dabei werden selbst vergleichsweise geringe Verzögerungen von rund 30 ms von Probanden bei Fahraufgaben im Simulator wahrgenommen und als störend empfunden [41]. Zudem können Verzögerungen zwischen einer

Fahrereingabe und der dazu gehörigen Simulatorreaktion zur Simulatorkrankheit führen [98].

In der Realität tritt bei einem Lastsprung auch eine zeitliche Verzögerung zwischen der Pedalbetätigung und dem Aufbau der Beschleunigung auf – siehe Abbildungen 4.3 bis 4.5. Sie wird weitestgehend von der Länge des Luftansaugtrakts bestimmt. Diese sogenannte Ansprechzeit spielt bei Fahrbarkeitsbewertungen eine große Rolle, da sie die empfundene Direktheit und Spontaneität maßgeblich beeinflusst. Sie sollte im Fahrsimulator deshalb möglichst der in Realität entsprechen. Glücklicherweise ist die Ansprechzeit des Motors in der Regel größer als die Ende-zu-Ende-Simulatorlatenzzeiten. Somit lassen sich die Simulatorlatenzen leicht kompensieren, indem bei der Playback-Methode zu Beginn des abzuspielenden Beschleunigungsverlaufs ein entsprechend langer Zeitabschnitt einfach weggelassen wird. Alternativ kann für Online-Simulationen die Motorparametrierung im Gesamtfahrzeugmodell derart modifiziert werden, dass sich die Motortotzeit um die Simulatorlatenzzeit verkürzt. Beide Methoden stellen eine einfache und effektive Möglichkeit dar, die Latenzen des verwendeten Simulators zu kompensieren. Die dynamischen Eigenschaften der einzelnen Freiheitsgrade sind für den VFP2 in [156] und für den Stuttgarter Fahrsimulator in [144] charakterisiert.

Neben den Latenzen gilt es auch den Amplitudengang des Bewegungssystems zu berücksichtigen. Bei leicht erhöhten Frequenzen weicht die Amplitudenverstärkung im VFP2 und im Stuttgarter Fahrsimulator von 1 ab und verursacht damit eine unerwünschte Veränderung der Bewegungssignale. Wie in [144, 156] beschrieben, kann dem jedoch mit einem Korrekturglied entgegengewirkt werden. Dieses lehnt sich an das Verfahren der inversionsbasierten Vorsteuerung nach [121] an und wird im Signalpfad zwischengeschaltet. Für Frequenzen unter ca. 8 Hz kann damit ein weitestgehend neutraler Amplitudengang im VFP2 und Stuttgarter Fahrsimulator erreicht werden [144, 156]. Das Korrekturglied wirkt integrierend und verursacht somit einen zusätzlichen Phasenverzug, der sich jedoch mit der soeben beschriebenen Latenzkompensation korrigieren lässt. Eine Frequenzanalyse der verwendeten, simulierten Lastsprungreaktionen zeigt, dass alle relevanten Frequenzanteile in dem Bereich liegen, der von den beiden Fahrsimulatoren zuverlässig dargestellt werden kann. Abbildung 4.9 zeigt beispielhaft das Frequenzspektrum der Auf-

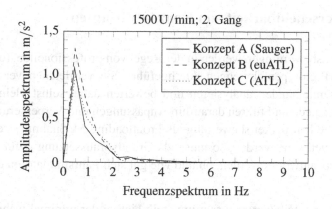

Abbildung 4.9: Frequenzanalyse der translatorischen Hexapodbewegung im VFP2 für Lastsprungreaktionen der Konzeptvarianten A, B und C

und Abbauphasen der Hexapodlängsbeschleunigung im VFP2 für Lastsprungmanöver im 2. Gang bei 1500 U/min.

Bei den beiden Fahrsimulatoren sind die einzelnen Aktoren bzw. Freiheitsgrade kinematisch miteinander gekoppelt. Das heißt, dass eine Bewegung in der Raumrichtung eines Freiheitsgrades unter Umständen eine ungewollte Bewegung in einem anderen Freiheitsgrad induzieren kann. In [24] werden solche Cross-Coupling-Effekte im Fahrsimulator der Audi AG untersucht, dessen Bewegungssystem baugleich ist zu dem des VFP2. Die Messungen beziffern die Cross-Coupling-Effekte bei Frequenzen im Bereich von 1 Hz bis 10 Hz auf durchschnittlich 0,5 % bis 0,7 %, was in einem vernachlässigbaren Rahmen liegt [24]. Beim Stuttgarter Fahrsimulator sind auch die Freiheitsgrade des Hexapods und Schlittensystems miteinander gekoppelt, da sich bei Drehbewegungen der Hexapod auf dem Schlittensystem abstützt. Durch Entkopplungsfilter wird eine Auslenkung des Schlittensystems jedoch weitestgehend verhindert, sodass nach [144] Cross-Coupling-Effekte auch hier vernachlässigbar sind.

Zusammenfassend kann somit angenommen werden, dass die simulierten Lastsprungreaktionen in beiden Fahrsimulatoren zuverlässig und (abgesehen von der Skalierung im VFP2) ohne signifikante Veränderungen dargestellt werden können.

4.3 Unterscheidbarkeit von Konzeptvarianten

Fahrbarkeitsbewertungen werden in der Regel von professionellen Testfahrern in realen Prototypenfahrzeugen durchgeführt. Sie vergleichen verschiedene Varianten miteinander, analysieren und bewerten dabei selbst kleinste Konzeptunterschiede und führen daraufhin Anpassungen und Verbesserungen herbei. Soll die Fahrbarkeitsbewertung als Frontloading-Maßnahme in den Fahrsimulator verlagert werden, so muss als Grundvoraussetzung dafür zunächst die Frage beantwortet werden, ob und wie gut sich Fahrsimulatoren dafür eignen.

Ein geeignetes Validierungskriterium stellt hierbei der minimal wahrnehmbare Konzeptunterschied dar. Dieser wurde im Rahmen einer Simulatorstudie untersucht, welche bereits vorab in [9, 12] vorgestellt wurde. Das Versuchsdesign und die Ergebnisse der Studie werden in Unterabschnitt 4.3.1 besprochen. Darauf aufbauend wird in Unterabschnitt 4.3.2 analysiert, wie die Skalierung im Simulator die Unterscheidbarkeit von Konzeptvarianten beeinflusst. Auch hierfür wurde eine Probandenstudie durchgeführt, deren Ergebnisse erstmals in [10, 11] präsentiert wurden.

4.3.1 Minimal wahrnehmbarer Konzeptunterschied

Motivation

Die Einsatzmöglichkeiten von Fahrsimulatoren als virtuelle Versuchsträger hängen maßgeblich davon ab, wie genau Konzeptunterschiede in ihnen aufgelöst werden können. Die Fähigkeit zur Reizdifferenzierung lässt sich anhand des JND-Werts, also der relativen Wahrnehmungsschwelle, quantifizieren. Dieser Wert gibt an, wie groß die Differenz zwischen zwei physikalischen Reizen mindestens sein muss, damit sie nicht mehr als gleich, sondern als verschieden wahrgenommen werden [14]. Da bei Fahrbarkeitsuntersuchungen oftmals mehrere Varianten miteinander verglichen werden, spielt das Differenzierungsvermögen eine besonders große Rolle. Deswegen soll nachfolgend der ebenmerkliche Konzeptunterschied im Fahrsimulatorumfeld ermittelt werden. Denn schließlich können nur Triebstrangmodifikationen, deren Auswirkungen darüber liegen, bewusst wahrgenommen und beurteilt werden. Zu diesem Zweck wurde eine Probandenstudie durchgeführt, bei der verschiedene Triebstrangparameter systematisch variiert wurden.

Die einzelnen Eigenschaften und Parameter eines Triebstrangs wirken sich unterschiedlich auf die Lastsprungreaktion eines Fahrzeugs aus. Um die Verallgemein- und Übertragbarkeit der Studienergebnisse zu erhöhen, sollen zum einen solche Triebstrangparameter variiert werden, die einen möglichst linearen und isolierten Einfluss auf den Beschleunigungsverlauf haben. Zum anderen sollen dabei aber auch möglichst grundsätzliche Merkmale des Beschleunigungsverlaufs untersucht werden, wie Beschleunigungshöhe und -gradient.

Ein Parameter, der im Hinblick auf die Beschleunigungshöhe die genannten Anforderungen erfüllt, ist das stationäre Volllastmoment. Wie bereits in Unterabschnitt 4.2.1 im Zuge des Rightsizing-Zielkonflikts erläutert, beeinflusst es bei Lastsprüngen die Höhe des Beschleunigungsplateaus und korreliert bei Saugmotoren mit dem Hubraumvolumen. In Abbildung 4.10a ist der prinzipielle Zusammenhang dargestellt. Der Beschleunigungsgradient wird dagegen durch den instationären Drehmomentenaufbau bestimmt, welcher bei aufgeladenen Motoren mit dem Ladedruckaufbau korreliert. Dieser hängt wiederum von den Eigenschaften der jeweiligen Aufladetechnologie ab, zum Beispiel beim euATL von der elektrischen Unterstützungsleistung. Abbildung 4.10b veranschaulicht die Beziehung.

Folglich soll im Fahrsimulator der minimal wahrnehmbare Unterschied hinsichtlich der Volllastkennlinie eines Saugmotors sowie im Hinblick auf den Aufbau des Turbomoments ermittelt werden. Dies erfolgt anhand der in Tabelle 4.3 beschriebenen Fahrzeugkonzepte im Kontext des Rightsizing-Beispielszenarios. Beide Parameter lassen sich mit dem entwickelten Simulationsframework automatisiert variieren. Da ihr Einfluss in sehr guter Näherung linear und isoliert ist, insbesondere bei den hier im Fokus stehenden kleinen Änderungen, wird damit gleichzeitig auch die Unterschiedsschwelle hinsichtlich der Beschleunigung und des Beschleunigungsgradienten ermittelt.

Der Beschleunigungsgradient entspricht physikalisch gesehen dem Ruck. In der umgangssprachlichen Wortbedeutung wird unter einem Ruck jedoch ein kurzzeitiger, äußerst hoher Gradient in der Art einer Unstetigkeit verstanden. Ein positiver, konstanter Beschleunigungsgradient wird hingegen als zunehmende Beschleunigung empfunden und gemeinhin nicht als Ruck bezeichnet.

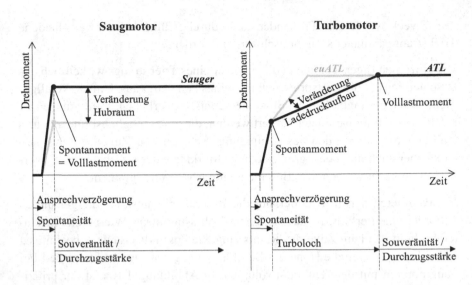

(a) Variation des Volllastmoments und   (b) Variation des Instationärmoments und
somit des Beschleunigungsniveaus   somit des Beschleunigungsgradienten

Abbildung 4.10: Schematische Darstellung der variierten Parameter

Um Unklarheiten vorzubeugen, wird deshalb in der vorliegenden Arbeit von
der Bezeichnung Ruck in diesem Kontext abgesehen.

Forschungsbedarf

Ein großer Teil der Literatur über Wahrnehmungsschwellen im Simulatorumfeld beschäftigt sich mit Absolutschwellen, insbesondere im Kontext der
Tilt-Coordination. Absolute Wahrnehmungsschwellen geben den kleinsten
Intensitätsschwellwert an, ab der ein physikalischer Reiz überhaupt erst wahrgenommen wird. Es wird also untersucht, ob die Probanden einen Reiz (z. B.
eine Beschleunigung) erkennen und nicht wie beim JND, ob sie zwei Reize (z. B. zwei Beschleunigungsverläufe) voneinander unterscheiden können.
Im Gegensatz zu Absolutschwellen finden sich im Bezug auf Unterschiedsschwellen der Beschleunigung und des Beschleunigungsgradienten allerdings
nur sehr wenige Literaturstellen – wie auch schon von [131] festgestellt wurde.

Zaichik et al. [223] führten in einem Flugsimulator eine Studie mit 4 Personen durch, um den JND der Beschleunigung zu ermitteln. Zur Minimierung visueller und auditiver Stimuli trugen die Probanden während des Versuchs einen Helm mit abgedecktem Visier. Ihnen wurde ein sinusförmiger Beschleunigungsverlauf mit 0,16 Hz dargeboten, überlagert mit einer sinusförmigen höherfrequenten Beschleunigung von 0,64 Hz. Die Amplitude der höherfrequenten Beschleunigung wurde allmählich erhöht, bis die Probanden das Vorliegen der zweiten Schwingung erkennen konnten. Dieser Amplitudenwert wurde dann als JND-Wert herangezogen. Für die Longitudinalbeschleunigung ergab sich eine relativ hohe Unterschiedsschwelle von 60 %, was auf die überlagerte Darbietung des Referenz- und Vergleichsreizes zurückgeführt werden kann.

Naseri und Grant [131] untersuchten den JND der Beschleunigung in einem Flugsimulator mit 9 Personen. Die Studie wurde in Dunkelheit und mit Rauschen abspielenden Kopfhörern durchgeführt. Den Probanden wurde abwechselnd eine Referenz- und eine Vergleichsbeschleunigung präsentiert. Die Referenz blieb gleich, wohingegen die Vergleichsbeschleunigung während des Versuchs hinsichtlich der Amplitude variiert wurde. Es wurden sinusförmige Beschleunigungsverläufe mit 0,4 Hz sowie 0,6 Hz untersucht, für die sich JND-Werte von 2 % und 5 % ergaben.

Da beide Studien mit sinusförmigen Beschleunigungsverläufen in Flugsimulatoren durchgeführt wurden, haben sie keinen Bezug zu einer realitätsnahen Fahraufgabe. Nach [63, 103, 186] hat die Form des Beschleunigungsverlaufs einen signifikanten Einfluss auf den JND. Deshalb ist es wichtig, realistische Fahrprofile für Untersuchungen im Fahrbarkeitskontext zu verwenden. Darüber hinaus wurden die oben genannten Studien unter „klinischen" Versuchsbedingungen ohne visuelle und auditive Stimuli durchgeführt. Die Bewertung der Fahrbarkeit stellt jedoch eine multisensorische Aufgabe dar. Deswegen soll nun eine Studie durchgeführt werden, welche unter realistischen Fahrbedingungen die Unterscheidbarkeit von Beschleunigungsverläufen im Fahrsimulator untersucht.

Als Vergleichsmaßstab lässt sich die Probandenstudie von Müller et al. [127] heranziehen. Sie wurde mit einem realen Versuchsfahrzeug auf einer Teststrecke durchgeführt. Durch Eingriffe in die Motorsteuerung konnte das Beschleunigungsverhalten des Fahrzeugs während der Fahrt modifiziert werden. Auf diese Weise wurde für ein Kollektiv von 15 Personen der JND der Beschleunigung und des Beschleunigungsgradienten im realen Fahrumfeld ermittelt. Die Ergebnisse können als Vergleichsgrundlage dienen, um die Ergebnisse der Fahrsimulatorstudie einzuordnen.

Studiendesign

Versuchsablauf Die Studie wurde im VFP2 durchgeführt und bestand aus zwei Versuchsteilen. Ein Teil untersuchte den JND der Beschleunigung und der andere Teil den JND des Beschleunigungsgradienten. Hierbei wurden für das Fahrzeugkonzept A (Sauger) und B (euATL) aus Tabelle 4.3 Lastsprünge im 2. Gang bei 1500 U/min durchgeführt mithilfe der bereits vorgestellten Betriebsmethodik für die Manöverausführung. In Abbildung 4.11 sind die simulierten Beschleunigungsverläufe der Standard-Parametrierung (durchgezogene Linie) und einiger beispielhafter Parametervariationen dargestellt.

Beide Versuchsteile wurden in randomisierter Reihenfolge nacheinander durchgeführt und dauerten jeweils etwa 45 min. Jeder Teil bestand dabei aus einer kurzen Eingewöhnungsphase sowie dem eigentlichen Versuch, welcher jeweils 40 Befragungsiterationen umfasste.

Jede Befragungsiteration setzte sich dabei aus den folgenden Schritten zusammen. Zu Beginn führte der Proband ein Lastsprungmanöver in der Standard-Parametrierung durch (Referenz). In der Leitwarte bestimmte währenddessen der Versuchsleiter die nächste Variante (Vergleich) mithilfe der Psi-Methode, die im nächsten Abschnitt erläutert wird. Der Proband führte dann das Vergleichsmanöver aus ohne dabei zu wissen, ob der Beschleunigungsverlauf verglichen mit der Referenz stärker oder schwächer ist. Der Versuchsleiter fragte den Probanden in einer 2AFC-Selektivfrage (two-alternative forced choice), ob er das Vergleichsmanöver als stärker oder schwächer empfunden hat. Frage und Antwort erfolgten verbal über die Kommunikationsanlage des Fahrsimulators. Dem Probanden wurde dabei nicht mitgeteilt, ob seine Antwort korrekt war, um Lerneffekte auszuschließen.

Damit sich der Proband mit dem Simulatorumfeld, der Manöverausführung und dem Versuchsablauf vertraut machen konnte, fanden während der Eingewöhnungsphase fünf nicht gewertete Befragungen statt, zu denen der Proband

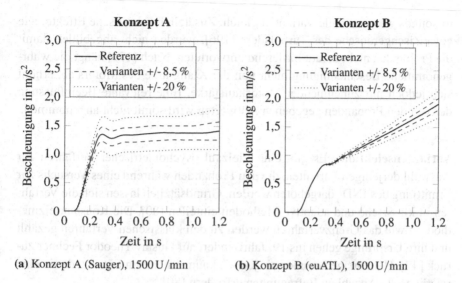

(a) Konzept A (Sauger), 1500 U/min   **(b)** Konzept B (euATL), 1500 U/min

Abbildung 4.11: Vestibulär wahrgenommene Beschleunigungsverläufe im VFP2 mit einigen exemplarisch dargestellten Varianten

Feedback erhielt. In der Studie wurden also insgesamt pro Proband 160 Manöver durchgeführt (pro Versuchsteil: 40 Referenz- und 40 Vergleichsmanöver) zuzüglich der Eingewöhnungsmanöver.

Während der Studie wurden im Cockpit die Geschwindigkeits- und Drehzahlanzeige ausgeblendet, um sicherzustellen, dass die Versuchsteilnehmer die Manöver anhand ihrer Beschleunigungswahrnehmung unterscheiden. Die Probanden fuhren auf einer geraden, ebenen Landstraße ohne Verkehr. Die visuelle Umgebung war sehr einfach gehalten mit lediglich einigen weit entfernten Bäumen, um möglichst wenig optische Referenzpunkte zu bieten. Es kam eine stereoskopische 3D-Visualisierung zum Einsatz, da diese die Immersion unterstützt [151]. Die Ergebnisse sollten auch auf 2D-Systeme übertragbar sein, da es nach [55, 172] in der longitudinalen Wahrnehmung, wie der Entfernungsabschätzung und Abstandseinhaltung, keine signifikanten Unterschiede zwischen 2D- und 3D-Visualisierungen gibt. Der Sound wurde mit der Software FMOD generiert und hing von der Geschwindigkeit und Drehzahl ab, um einen realistischen Eindruck zu vermitteln. Der Charakter und die Lautstärke des Motorsounds waren für alle Varianten gleich. Zusätzliche akustische Effekte, wie etwa Zischgeräusche des Turboladers [196], wurden nicht abgebildet, damit die Probanden nicht darauf basierend antworteten. Nach [177] hängt die wahrgenommene Beschleunigung nicht von der Klangfarbe des Motors ab, erhöht sich jedoch mit zunehmender Motorlautstärke. Eine relevante Beeinflussung der von den Probanden gegebenen Antworten wird somit nicht angenommen.

Variantenselektion Es gibt eine Vielzahl psychometrischer Verfahren zur Auswahl derjenigen Varianten, die den Probanden während eines Versuchs zur Ermittlung des JNDs dargeboten werden. Grundsätzlich lassen sich die Verfahren in klassische und adaptive Methoden einteilen [80]. Die Konstantreizmethode sowie das Grenzverfahren werden zu den klassischen Verfahren gezählt und ihre Ursprünge gehen ins 19. Jahrhundert auf Gustav Theodor Fechner zurück [47]. Heutzutage kommen sie jedoch kaum mehr zum Einsatz, da sie eine relativ große Anzahl an Befragungen erfordern [80].

Bei den adaptiven Verfahren ist die Versuchseffizienz höher, da sie die vorangegangenen Antworten des Probanden bei der Auswahl des Reizunterschieds für die nächste Iteration miteinbeziehen. Der Reizunterschied bzw. die Stimulusintensität bezeichnet in diesem Kontext die Differenz zwischen dem Referenz- und Vergleichsmanöver. Nach [102] können die adaptiven Verfahren in die folgenden drei Kategorien unterteilt werden.

Die erste Kategorie umfasst die Up/Down-Methoden, die aufgrund ihres relativ einfachen Ablaufs in der Praxis oft Verwendung finden. Antwortet der Proband korrekt, so wird bei den Up/Down-Verfahren der Reizunterschied verringert, antwortet er hingegen falsch, so wird er wieder erhöht. Es gibt hierbei verschiedene Ausführungen, wie die sogenannte Transformed- [213] und die Weighted-Up/Down-Methode [99] sowie Kombinationen [60] davon.

Eine weitere Kategorie der psychometrischen Verfahren stellen die Running-Fit-Methoden dar. Diese Verfahren haben gemeinsam, dass sie nach jeder Antwort des Probanden den JND-Wert neu fitten. Der aktuelle Schätzwert für den JND stellt dabei den Reizunterschied für die nächste Iteration dar [102]. Bekannte Vertreter sind die PEST- (Parameter Estimation by Sequential Testing) und Best-PEST-Methode, bei denen Maximum-Likelihood-Fitting zum Einsatz kommt [142], sowie die QUEST-Methode (Quick Estimation by Sequential Testing), deren Fitting einem Bayes'schen Ansatz folgt [207].

Die letzte Kategorie stellt die Psi-Methode dar [106]. Diese Methode vereint mehrere der soeben genannten Ansätze und wird in der Psychophysik als die effizienteste und am weitesten entwickelte Methode angesehen [80, 102, 104]. Anhand der vorangegangenen Antworten des Probanden schätzt die Psi-Methode die Wahrscheinlichkeit einer nachfolgenden korrekten oder falschen Antwort für *alle* möglichen diskreten Reizunterschiede in einem gegebenen Intervall. Daraufhin wird die jeweilige Entropie berechnet, die sich sowohl im Falle einer korrekten als auch einer falschen Antwort ergeben würde [102]. Der Reizunterschied, von dem erwartet wird, dass er die Entropie minimiert, wird für das nächste Vergleichsmanöver ausgewählt. Dabei steht Entropie in diesem Kontext für die Unsicherheit des JND-Werts und der Steigung der psychometrischen Funktion [102]. Durch diesen Ansatz lässt sich der JND bereits mit ca. 30 Iterationen relativ genau ermitteln [80, 102, 106].

Im Rahmen der Probandenstudie wurde die Psi-Methode verwendet und mithilfe der Palamedes-Toolbox 1.8.2 in Matlab umgesetzt [149]. Abbildung 4.12 zeigt für einen beispielhaften Probanden, wie die Psi-Methode die Reizunterschiede adaptiv an die jeweiligen Antworten anpasst. Die Stimulusintensitäten sind logarithmisch verteilt, um eine gröbere Unterteilung bei hohen Werten und eine feinere bei niedrigen, wo der JND vermutet wird, zu erreichen. Die Abbildung zeigt, dass der Reizunterschied trotz einer falschen Antwort teilweise nicht erhöht wird (Iteration 32). Das liegt daran, dass die Psi-Methode die nächsten Reizunterschiede nicht anhand fester Regeln, wie bei den Up/Down-Verfahren, auswählt, sondern anhand des maximalen Informationsgewinns bei jeder Iteration.

Es wurden zudem zwei Staircases zufällig ineinander verschachtelt. Der positive Staircase enthält dabei nur Vergleichsmanöver, die stärker sind als die Referenz, wohingegen der negative Staircase nur schwächere Varianten enthält. Dies hat zwei Gründe. Zum einen nähert man sich der Unterschiedsschwelle auf diese Weise von beiden Seiten. Zum anderen wird so sichergestellt, dass der Proband keine Zusammenhänge zwischen seiner Antwort und den nachfolgenden Stimulusintensitäten erkennen kann.

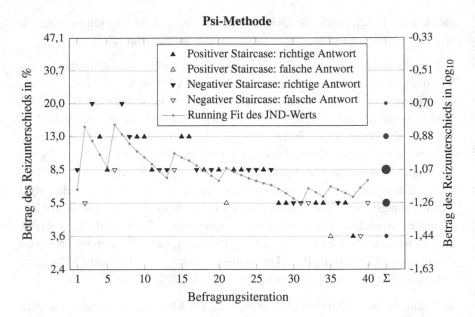

Abbildung 4.12: Abfolge der Stimulusintensitäten, die einem Beispiel-Probanden auf Basis der Psi-Methode im Versuchsverlauf dargeboten wurden. Die Punktfläche (rechts) ist proportional zur Befragungsanzahl.

Probandenkollektiv Die Studie wurde mit einer Gruppe von 31 Personen durchgeführt. Die anvisierte Zielgruppe für die Nutzung von Fahrsimulatoren für Fahrbarkeitsbewertungen im Produktentstehungsprozess sind in erster Linie Entwicklungsingenieure der Automobilindustrie. Alle Probanden hatten dementsprechend einen ingenieurwissenschaftlichen Studienhintergrund und arbeiteten in der Fahrzeugentwicklung bei Porsche. Bei Automobilherstellern sind rund 17 % der Gesamtbelegschaft weiblich (im Jahr 2019 z. B. 19,0 % bei Daimler [37], 18,2 % bei Porsche [147], 16,8 % bei VW [202], 16,3 % bei BMW [18] und 15,0 % bei Audi [4]). Da der Anteil unter den Ingenieuren etwas geringer sein dürfte, wurden für die Studie 27 Männer (87,1 %) und 4 Frauen (12,9 %) ausgewählt. Dem ganzheitlichen Konzeptbewertungsansatz dieser Arbeit folgend wurden die Probanden abteilungsübergreifend aus verschiedenen Fachdisziplinen rekrutiert: 32,3 % aus dem Bereich Fahrleistung und Verbrauch, 32,3 % mit Fahrbarkeitsexpertise, 19,4 % aus der digitalen Antriebsentwicklung und 16,1 % aus der Fahrsimulation.

Das Alter der Probanden reichte von 25 bis 57 Jahren und betrug im Durchschnitt 34,5 Jahre mit einer Standardabweichung SD (standard deviation) von 8,6 Jahren. Alle Studienteilnehmer hatten einen gültigen Führerschein und 58,1 % hatten schon mindestens einmal an einer Studie in einem dynamischen Fahrsimulator teilgenommen. 16,1 % schätzten ihren eigenen Fahrstil als eher ruhig ein, 45,2 % als durchschnittlich und 38,7 % als eher dynamisch.

Auswerteverfahren und Ergebnisse

Simulator-Sickness Damit eine Beeinflussung der Ergebnisse durch ein Auftreten der Simulatorkrankheit erkannt werden kann, haben die Probanden unmittelbar vor und nach dem Versuch den Simulator-Sickness-Questionaire (SSQ) [101] ausgefüllt. Aufgrund der hohen Anzahl an Manövern und des relativ langen und monotonen Versuchs berichteten einige Probanden von leichter Müdigkeit. Es konnten jedoch alle Probanden den Versuch problemlos durchführen und in den SSQs waren keine ausgeprägten Symptome der Simulatorkrankheit zu beobachten.

Psychometrische Funktion Um die individuellen JND-Werte zu bestimmen, wurde eine psychometrische Funktion mittels Maximum-Likelihood-Fitting durch die Antworten der Probanden gefittet [102, 149]. Eine psychometrische Funktion beschreibt dabei den Zusammenhang zwischen dem Reizunterschied und der Wahrscheinlichkeit, mit der ein Proband diesen erkennt. Abbildung 4.13 zeigt die gefittete psychometrische Funktion eines beispielhaften Probanden. Bei sehr geringen Reizunterschieden, die nicht mehr detektierbar sind, wird die psychometrische Funktion durch die Ratewahrscheinlichkeit γ bestimmt. Diese beträgt bei einer 2AFC-Selektivfrage 50 %. Bei sehr hohen Stimuli nähert sich die psychometrische Funktion einem Wert von 100 % an, erreicht diesen jedoch nicht aufgrund der Lapsusrate λ. Selbst bei sehr hohen Reizunterschieden, bei denen die Probanden eindeutig zwischen dem Referenz- und Vergleichsmanöver differenzieren können, treten vereinzelt unbe-

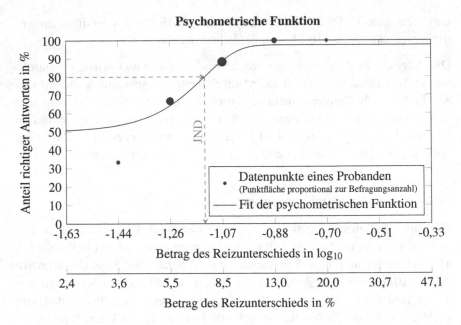

Abbildung 4.13: Psychometrische Funktion des Probanden aus Abbildung 4.12

absichtigte falsche Antworten auf aufgrund von kurzzeitiger Unachtsamkeit – auch Lapsus genannt.

Die Lapsusrate λ wird in vielen Studien vernachlässigt und zu null gesetzt. Dieses Vorgehen ist jedoch nicht ratsam, da dann selbst ein einziger Lapsus beim Fitting signifikante Auswirkungen auf die Form der psychometrischen Funktion hat und diese zu stark abflacht [102, 148, 215]. Prinzipiell wäre es denkbar, die Lapsusrate experimentell zu ermitteln, indem bei sehr hohen Reizunterschieden eine Reihe zusätzlicher Befragungsiterationen durchgeführt werden. Da ein Lapsus jedoch sehr selten auftritt, wären dafür sehr viele Wiederholungen erforderlich in einem Intensitätsbereich, der für das Fitting ansonsten kaum einen Informationsgewinn bietet. Eine weitere Möglichkeit wäre die Lapsusrate als freien Parameter einfach mitzufitten. Dieses Vorgehen ist jedoch nach [102] problematisch, da dann der Suchalgorithmus des Maximum-Likelihood-Fittings womöglich kein globales, sondern nur ein lokales Maximum in der Likelihood-Funktion findet. Dies ist durchaus nicht unwahrscheinlich, da die Lapsus-Häufigkeit gering und die Unsicherheit dahingehend beim Fitting entsprechend hoch ist. Aus diesen Gründen empfiehlt [102], die Lapsusrate auf einen geringen Wert, jedoch ungleich null, festzusetzen. In dieser Studie wurde als Annahme getroffen, dass etwa ein Lapsus pro Versuchsdurchlauf auftritt. Dies entspricht einer Lapsusrate λ von 2,5 %, was im Bereich typischer Literaturwerte liegt [80, 102].

Berechnung der JND-Werte Da die Stimulusintensitäten logarithmisch verteilt sind, wurde eine Gumbel-Verteilung für die psychometrische Funktion zugrunde gelegt [102]. Unter den Randbedingungen einer Ratewahrscheinlichkeit von 50 %, einer Lapsusrate von 2,5 % und einer Gumbel-Verteilung entspricht der JND demjenigen Reizunterschied, bei dem 80 % der Antworten korrekt sind [149]. Durch Maximum-Likelihood-Fitting wurden die psychometrische Funktion und damit der JND-Wert jedes einzelnen Probanden für die Beschleunigung und den Beschleunigungsgradienten bestimmt.

Grundsätzlich ist es denkbar, dass es eine Rolle spielt, von welcher Richtung man sich der Unterschiedsschwelle nähert – sprich, dass sich der JND-Wert des positiven und des negativen Staircases voneinander unterscheiden. Um dies zu untersuchen, wurde mit einem Zweistichproben-t-Test und einem Signifikanzniveau von 5 % die Nullhypothese überprüft, dass die Mittelwerte der beiden Stichproben derselben Grundgesamtheit angehören. Für den Versuchsteil der Beschleunigung ergibt sich ein p-Wert von 0,16 > 0,05 und im Falle des Beschleunigungsgradienten 0,38 > 0,05. Somit wird die Nullhypothese nicht abgelehnt. Die Grundvoraussetzung zur Anwendung des t-Tests ist jedoch, dass beide Stichproben normalverteilt sind. Dies wurde mit dem Kolmogorov-Smirnow-Test überprüft. Der Versuchsteil zur Beschleunigung weist einen p-Wert von 0,74 > 0,05 auf und hinsichtlich des Beschleunigungsgradienten 0,87 > 0,05. Damit ist die Voraussetzung des t-Tests erfüllt und es kann angenommen werden, dass die JND-Werte des positiven und negativen Staircases einer gemeinsamen, normalverteilten Grundgesamtheit angehören und wie ein einzelner Datensatz behandelt werden können. Dadurch verdoppelt sich die Zahl der Datenpunkte pro Fit und die Genauigkeit der JND-Bestimmung wird deutlich erhöht. Da die Reizunterschiede in logarithmischen Intervallen verteilt sind, wurden die Unterschiedsschwellen zunächst mit den logarithmischen Werten berechnet und anschließend in die arithmetische Dar-

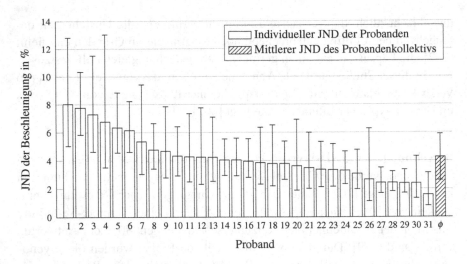

Abbildung 4.14: JND der Beschleunigung

stellung überführt. Entsprechend wurden die Ergebnisse der statistischen Tests ebenfalls mit logarithmischen Werten ermittelt.

Die JND-Werte der einzelnen Probanden für die Beschleunigung sind in Abbildung 4.14 dargestellt und für den Beschleunigungsgradienten in Abbildung 4.15. Die Rangfolge der Probanden unterscheidet sich in den beiden Abbildungen. Das heißt, Probanden die in einem Versuchsteil eine niedrige Unterschiedsschwelle aufweisen, tun dies nicht notwendigerweise auch im anderen Versuchsteil. Ein möglicher Grund dafür ist, dass sich nicht alle Probanden in beiden Versuchsteilen gleichermaßen konzentrieren konnten. Die in den Abbildungen eingezeichneten Standardabweichungen wurden durch eine Bootstrapping-Analyse ermittelt [102, 149]. Das Vorgehen soll im Folgenden kurz skizziert werden.

Berechnung der JND-Standardabweichungen　　Die psychometrische Funktion gibt die Wahrscheinlichkeit einer korrekten Antwort in Abhängigkeit der Stimulusintensität an – für den Probanden aus Abbildung 4.13 wäre beispielsweise bei einem Reizunterschied von 7,4 % seine Antwort statistisch gesehen in 80 % der Fälle korrekt. Nun ließe sich eine hypothetische Ant-

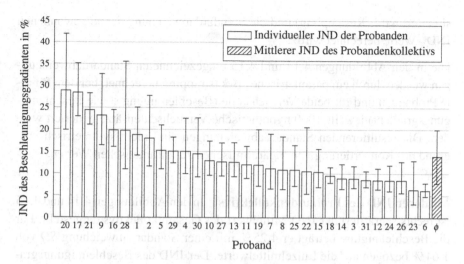

Abbildung 4.15: JND des Beschleunigungsgradienten

wort des Probanden für eine beliebige Stimulusintensität erzeugen, indem eine zufällige Dezimalzahl zwischen 0 und 1 gebildet und als korrekte Antwort definiert wird, wenn sie kleiner ist als der Funktionswert der gefitteten psychometrischen Funktion an dieser Stelle – also wenn beispielsweise bei einer Stimulusintensität von 7,4 % die Zufallszahl kleiner ist als 0,8. Auf diese Weise lassen sich hypothetische Antworten erzeugen, die dem experimentell gemessenen Verhalten des Probanden entsprechen.

Nun kann der reale Versuchsablauf künstlich nachgeahmt werden, indem man ebenfalls die Psi-Methode mit denselben Reizintervallen verwendet, dabei 40 hypothetische Antworten generiert und dann durch Maximum-Likelihood-Fitting die Unterschiedsschwelle bestimmt. Diese künstlich ermittelte Unterschiedsschwelle JND* weicht vom experimentell ermittelten JND ab, da sie anhand von 40 hypothetischen Antworten – also mit einer endlichen Anzahl an Iterationen – bestimmt wurde. Genauso weicht aber auch der experimentell bestimmte JND vom „wahren JND" des Probanden ab, da in Realität ja auch nur 40 Messpunkte erhoben wurden. Mithilfe dieses sogenannten Bootstrapping-Verfahrens lässt sich die Unsicherheit des experimentell bestimmten JND-Wertes quantifizieren, indem eine große Zahl an künstlichen Versuchen simuliert wird (Resampling) und die Standardabweichung der so gewonnenen JND*-Werte berechnet wird.

Die in den Abbildungen 4.14 und 4.15 eingezeichneten Standardabweichungen wurden durch ein parametrisches Bootstrapping berechnet, bei dem für alle Probanden und für beide Versuchsteile (Beschleunigung sowie Beschleunigungsgradient) jeweils 1000 hypothetische Versuchsdatensätze generiert wurden. Die resultierenden Standardabweichungen sind nicht symmetrisch aufgrund der Konvertierung von logarithmischen zu arithmetischen Werten.

Mittlerer JND des Probandenkollektivs   In den Abbildungen 4.14 und 4.15 ist rechts schraffiert der JND-Mittelwert des Gesamtkollektivs dargestellt. Für die Beschleunigung beträgt er 4,25 % mit einer Standardabweichung SD von 1,64 % bezogen auf die Einzelmittelwerte. Der JND des Beschleunigungsgradienten ist deutlich größer. Er beträgt 13,89 % ($SD = 6,09\,\%$). In Absolutwerten ausgedrückt beträgt der JND der Beschleunigung 0,059 m/s^2 und des Beschleunigungsgradienten 1,233 m/s^3. Weitere statistische Angaben sind in Tabelle 4.4 zusammengefasst.

Bezogen auf Änderungen des stationären Volllastmoments bei dem betrachteten Fahrzeug können Unterschiede von ca. 10 Nm durch die Probanden im Schnitt aufgelöst werden. Im Hinblick auf den Ladedruckaufbau sind mit den gegebenen Fahrzeugparametern Änderungen von etwa 33 Nm/s detektierbar.

Tendenziell weisen Versuchsteilnehmer, die bereits mit Fahrsimulatoren und Fahrbarkeitsuntersuchungen Erfahrungen gesammelt haben, innerhalb der Probandengruppe geringfügig niedrigere JND-Werte auf. Zwischen den Wahrnehmungsschwellen von Männern und Frauen treten keine signifikanten Unterschiede auf. Dies deckt sich mit den Ergebnissen aus [154], wo bei der Differenzierung von Fahrzeugvarianten ebenfalls keine geschlechtsspezifischen Unterschiede beobachtet wurden. Die verschiedenen Subgruppen weisen hier jedoch eine geringe Stichprobengröße auf, weshalb keine verallgemeinernden Schlussfolgerungen gezogen werden sollten.

Tabelle 4.4: Zusammenfassung der JND-Ergebnisse

Statistischer Parameter	Unterschiedsschwelle bezüglich	
	Beschleunigung	Beschleunigungsgradient
Mittelwert	4,25 %	13,89 %
Standardabweichung	1,64 %	6,09 %
Median	3,95 %	12,03 %
95 %-Konfidenzintervall	3,64 % bis 4,85 %	11,66 % bis 16,12 %
Referenzwert	1,384 m/s²	1,233 m/s³

Diskussion

Die Probandenstudie zeigt, dass im Fahrsimulator Unterschiede in der Beschleunigung von 4,25 % und im Beschleunigungsgradienten von 13,89 % aufgelöst werden können. Um die eingangs gestellte Forschungsfrage, ob sich Fahrsimulatoren für Fahrbarkeitsbewertungen eignen, beantworten zu können, müssen die ermittelten JND-Werte interpretiert und in Relation gesetzt werden mit typischen Größenänderungen im Fahrzeugentwicklungsprozess. Als Vergleichsfahrzeug zu dem hier betrachteten Roadster-Sportwagen kann ein Porsche Boxster herangezogen werden. Die S-Version des Boxsters Typ 981 mit Saugmotor weist verglichen mit der Basis-Version bei den hier betrachteten Versuchsrandbedingungen, also einem Lastsprung im 2. Gang aus 1500 U/min, nach 1,2 s eine um mehr als 30 % höhere Beschleunigung auf. Der Beschleunigungsgradient der S-Version des Boxsters Typ 982 mit Turbomotor ist nach 1,2 s um mehr als 40 % höher als der Gradient der Basis-Version. Die genannten Angaben entsprechen den Durchschnittswerten, die aus mitgeloggten CAN-Daten von jeweils drei Messfahrten mit diesen Fahrzeugmodellen gebildet wurden. Die ermittelten Unterschiedsschwellen sind folglich ausreichend gering, um gängige Konzeptunterschiede im Fahrsimulator zuverlässig detektieren zu können.

Die JND-Werte im Fahrsimulator liegen in einem vergleichbaren Rahmen mit Werten aus realen Fahrten. Müller et al. haben durch reale Testfahrten mit 15 Personen in einem Up/Down-Verfahren einen JND-Wert von 2,73 % ($SD = 2,61$ %) für die Beschleunigung ermittelt und 11,76 % ($SD = 9,76$ %) für den Beschleunigungsgradienten [127]. Diese Unterschiedsschwellen beziehen sich jeweils auf eine Referenzbeschleunigung von $3{,}3\,\mathrm{m/s^2}$ ($SD = 0{,}2\,\mathrm{m/s^2}$) bzw. einen Referenzgradienten von $8{,}5\,\mathrm{m/s^3}$ ($SD = 0{,}7\,\mathrm{m/s^3}$). Die Referenzwerte während der Studie im Fahrsimulator waren deutlich niedriger aufgrund des beschränkten Bewegungsraums und der deshalb notwendigen Skalierung. Wie die Skalierung die Unterschiedsschwelle im Fahrsimulator beeinflusst, wird im Folgenden genauer untersucht.

4.3.2 Einfluss der Skalierung auf die Unterschiedsschwelle

Motivation

Für Fahrbarkeitsuntersuchungen im Fahrsimulator ist es wichtig zu verstehen, wie Beschleunigungen im Simulatorumfeld wahrgenommen werden. Das Bewegungspotential ist für Fahrbarkeitsbewertungen der „limitierende Faktor" im Simulator und macht in vielen Fällen den Einsatz von Skalierung erforderlich. Deswegen soll nun analysiert werden, wie die Unterschiedsschwelle durch Skalierung beeinflusst wird. Dafür wurde eine Probandenstudie im VFP2 durchgeführt, um den JND-Wert der Beschleunigung bei verschiedenen Skalierungsfaktoren – sprich, bei unterschiedlichen Referenzbeschleunigungen – zu ermitteln.

Forschungsbedarf

Zum Thema Skalierung findet sich in der Literatur eine Vielzahl an Studien. Wie bereits in Unterabschnitt 4.3.1 erläutert wurde, trifft dies jedoch nicht auf den JND der Beschleunigung im Fahrsimulator zu und folglich noch weniger auf die Schnittmenge der beiden Themenkomplexe.

Da die subjektive Beschleunigungswahrnehmung im Fahrzeug eine Reihe komplexer multisensorische Vorgänge umfasst, sind Vorhersagen in dieser Hinsicht grundsätzlich schwierig. Deswegen soll die Fragestellung mit einer gesonderten Probandenstudie unter Verwendung realistischer Beschleunigungsprofile untersucht werden.

Studiendesign

Versuchsablauf Damit die Ergebnisse miteinander vergleichbar sind, wurde die Probandenstudie exakt nach demselben Schema durchgeführt wie die vorherige, in Unterabschnitt 4.3.1 beschriebene Studie. Lediglich die Referenzbeschleunigung wurde variiert, sodass sich insgesamt die folgenden drei Untersuchungsszenarien für das Fahrzeugkonzept A (Sauger) ergeben:

- Szenario A mit einem Skalierungsfaktor von 0,5.
  Dies entspricht einer Referenzbeschleunigung von $1,384\,\mathrm{m/s^2}$.

- Szenario $A_\downarrow$ mit einem Skalierungsfaktor von 0,25.
  Dies entspricht einer Referenzbeschleunigung von $0,692\,\mathrm{m/s^2}$.

- Szenario $A_{\Downarrow}$ mit einem Skalierungsfaktor von 0,125.
  Dies entspricht einer Referenzbeschleunigung von $0,346\,\mathrm{m/s^2}$.

Skalierungsfaktoren $> 0,5$ lassen sich im VFP2 mit den gegebenen Lastsprungreaktionen nicht darstellen. Die angegebenen Referenzwerte wurden berechnet, indem der Mittelwert nach dem ersten Maximum im Beschleunigungsverlauf gebildet wurde.

Probandenkollektiv Die vorangegangene Studie mit 31 Probanden entspricht Szenario A. Die Ergebnisse können also direkt übernommen werden. Um den Versuchsaufwand zu begrenzen, wurde für die Szenarien $A_\downarrow$ und $A_{\Downarrow}$ das Probandenkollektiv auf 15 Personen reduziert. Damit die Ergebnisse dennoch miteinander vergleichbar sind, wurden die 15 Personen derart aus der ursprünglichen Gruppe rekrutiert, dass der Mittelwert und die Verteilung der Kollektiveigenschaften weitestgehend erhalten blieben. Sie wurden dabei anhand ihres Alters, Geschlechts und ihrer JND-Ergebnisse ausgewählt.

In der Subgruppe betrug das durchschnittliche Alter 33,5 Jahre mit einer Standardabweichung von 8,1 Jahren. 13 Männer (87,5 %) und 2 Frauen (12,5 %) nahmen teil. Da alle Probanden zuvor in Szenario A teilnahmen, sind auch alle bereits mindestens einmal in einem dynamischen Fahrsimulator gefahren. 25 % der Probanden haben Erfahrung mit Fahrbarkeitsuntersuchungen. 13,3 % schätzen ihren eigenen Fahrstil als eher ruhig ein, 53,3 % als durchschnittlich und 33,3 % als eher dynamisch. Die Szenarien $A_\downarrow$ und $A_{\Downarrow}$ wurden in randomisierter Reihenfolge nacheinander durchgeführt.

Ergebnisse

JND-Werte der drei Szenarien In Abbildung 4.16 (oben) sind die JND-Werte für Szenario A aus der vorangegangenen Studie dargestellt – hier allerdings in absoluten Werten und mit Kennzeichnung der Probanden, welche für die Szenarien $A_\downarrow$ und $A_{\Downarrow}$ mit dem Ziel ausgewählt wurden, ein möglichst repräsentatives Subkollektiv zu bilden. Die mittlere Unterschiedsschwelle der Beschleunigung beträgt für die Subgruppe $0,060\,\mathrm{m/s^2}$ ($SD = 0,018\,\mathrm{m/s^2}$) und für das Gesamtkollektiv $0,059\,\mathrm{m/s^2}$ ($SD = 0,023\,\mathrm{m/s^2}$).

Die Ergebnisse für die Szenarien $A_\downarrow$ und $A_{\Downarrow}$ sind in Abbildung 4.16 (unten) dargestellt. Der kleinste wahrnehmbare Beschleunigungsunterschied beträgt in Szenario $A_\downarrow$ $0,04\,\mathrm{m/s^2}$ und in Szenario $A_{\Downarrow}$ $0,03\,\mathrm{m/s^2}$. Weitere statistische Parameter sind in Tabelle 4.5 aufgeführt einschließlich der Prozentwertangaben, welche bei den in der Fahrbarkeit üblichen Relativvergleichen von Interesse sind.

Tabelle 4.5: Ermittelte Unterschiedsschwellen der Beschleunigung für verschiedene Referenzbeschleunigungen

Statistischer Parameter	Szenario A	Szenario $A_\downarrow$	Szenario $A_{\Downarrow}$
Absolutwerte:			
Mittelwert	$0,059\,\mathrm{m/s^2}$	$0,040\,\mathrm{m/s^2}$	$0,030\,\mathrm{m/s^2}$
Standardabweichung	$0,023\,\mathrm{m/s^2}$	$0,011\,\mathrm{m/s^2}$	$0,007\,\mathrm{m/s^2}$
Median	$0,055\,\mathrm{m/s^2}$	$0,042\,\mathrm{m/s^2}$	$0,029\,\mathrm{m/s^2}$
Relativwerte:			
Mittelwert	4,25 %	5,78 %	8,67 %
Standardabweichung	1,64 %	1,59 %	2,02 %
Median	3,95 %	6,07 %	8,38 %
Referenzbeschleunigung	$1,384\,\mathrm{m/s^2}$	$0,692\,\mathrm{m/s^2}$	$0,346\,\mathrm{m/s^2}$
Skalierungsfaktor	0,5	0,25	0,125

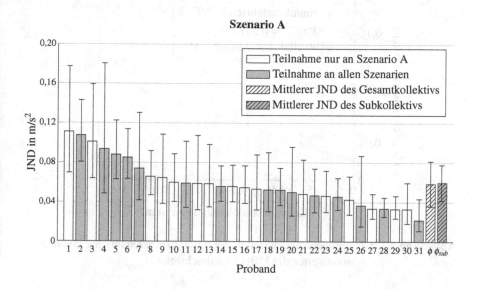

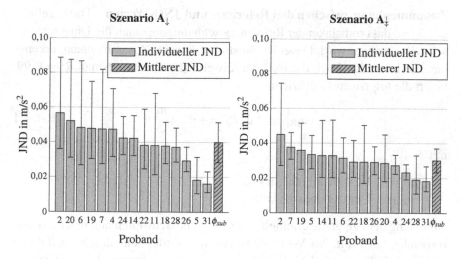

Abbildung 4.16: JND-Werte der Beschleunigung für verschiedene Skalierungen

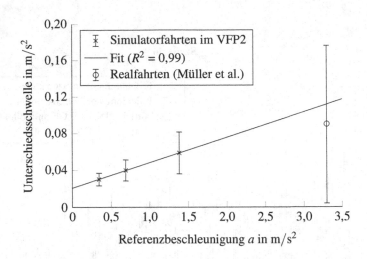

Abbildung 4.17: Zusammenhang zwischen der Referenzbeschleunigung und den Absolutwerten der Unterschiedsschwelle

Zusammenhang zwischen den Referenz- und JND-Werten Die Ergebnisse zeigen, dass mit sinkender Referenzbeschleunigung auch die Unterschiedsschwelle geringer wird. Dabei ist ein starker linearer Zusammenhang erkennbar. Ein linear Fit durch die JND-Mittelwerte (Bestimmtheitsmaß $R^2 = 0,99$) liefert die folgenden Koeffizienten:

$$a_{\mathrm{JND}} = 0,0275 \cdot a + 0,02\,\frac{\mathrm{m}}{\mathrm{s}^2} \qquad \text{Gl. 4.1}$$

mit

a Beschleunigung in $\mathrm{m/s^2}$

a_{JND} Unterschiedsschwelle in $\mathrm{m/s^2}$

Abbildung 4.17 zeigt die ermittelten Unterschiedsschwellen und den dazu korrespondierenden Fit. Als Vergleich ist der von Müller et al. durch Realfahrten ermittelte JND-Wert bei einer Referenzbeschleunigung von $3,3\,\mathrm{m/s^2}$ ($SD = 0,2\,\mathrm{m/s^2}$) ebenfalls eingezeichnet [127].

Diskussion

Webersches Gesetz Dass der JND mit sinkender Referenzbeschleunigung abnimmt, steht in guter Übereinstimmung mit dem Weberschen Gesetz. Es ist ein grundlegendes Gesetz der Psychophysik und beschreibt die in zahlreichen sinnesphysiologischen Versuchen gemachte Beobachtung, dass der JND näherungsweise proportional ist zum Referenzreiz [77]. Diese Gesetzmäßigkeit trifft auf viele verschiedene Sinnesmodalitäten und -qualitäten zu, wie etwa auf das Helligkeitssehen, den Tast- oder Geschmackssinn. Bezieht man das Webersche Gesetz auf die Beschleunigung, so lautet es:

$$a_{\mathrm{JND}} = k \cdot a \qquad \text{Gl. 4.2}$$

Die Weberkonstante k nimmt dabei je nach Sinnessystem unterschiedliche Werte an.

Verschiedene Untersuchungen haben gezeigt, dass das Webersche Gesetz nur in einem mittleren Intensitätsbereich gilt [131, 223]. Bei sehr schwachen Reizen nähert sich der JND der absoluten Wahrnehmungsschwelle an [62]. Aus diesem Grund ist ein zusätzlicher Term einzuführen, der die Absolutschwelle a_0 abbildet:

$$a_{\mathrm{JND}} = k \cdot a + a_0 \qquad \text{Gl. 4.3}$$

Das Webersche Gesetz in dieser erweiterten Form deckt sich mit dem Fitting-Ergebnis in Gl. 4.1. Die Weberkonstante k beträgt folglich 2,75 % und die absolute Wahrnehmungsschwelle a_0 ergibt sich zu 0,02 m/s^2.

Die Weberkonstante und Absolutschwelle hängen von verschiedenen Einflussfaktoren ab, unter anderem von der Anzahl der stimulierten Sinnessysteme (z. B. ob die Augen verbunden sind), von Richtung, Dauer und Verlaufsform des Beschleunigungsreizes, vom Versuchsdesign und Probandenkollektiv. Für die Weberkonstante k erhielten Naseri und Grant [131] in einer Flugsimulatorstudie mit 9 Personen und sinusförmigen Beschleunigungsverläufen Werte von 2–5 %. Für die Absolutschwelle a_0 gibt Tabelle 4.6 eine Übersicht über Vergleichswerte. Die aufgeführten Werte beziehen sich auf synthetisch generierte, sinusförmige Beschleunigungsverläufe ohne Fahrzeugbezug. Literaturwerte für die Weberkonstante und Absolutschwelle im Kontext einer Fahraufgabe im Simulator sind dem Autor nicht bekannt.

Tabelle 4.6: Vergleichswerte für die Absolutschwelle a_0 der Längsbeschleunigung

Quelle	Absolutschwelle a_0 in m/s^2	Simulator	Beschleunigungs-verlauf
[72]	0,018–0,063	Flugsimulator	Sinus-Form
[186]	0,019–0,034	Roboterarm	Sinus-Form
[131]	0,03–0,06	Flugsimulator	Sinus-Form
[70]	0,03–0,10	Flugsimulator	Sinus-Form
[82]	0,031–0,086	Flugsimulator	Sinus-Form
[223]	0,032–0,083	Flugsimulator	Sinus-Form
[153]	0,05	nicht angegeben	
vorliegende Arbeit	0,02	Fahrsimulator	Lastsprungmanöver: ungefähr Step-Form

Die Probandenstudie bestätigt, dass die Unterscheidbarkeit von translatorischen Beschleunigungen dem erweiterten Weberschen Gesetz entspricht. Damit reihen sich die Ergebnisse in eine Vielzahl anderer Untersuchungen ein, die für unterschiedlichste Stimuli die Anwendbarkeit des Weberschen Gesetzes zeigen konnten. Untersuchungen von Mallery et al. haben 2010 jedoch ergeben, dass die JND-Werte für Rotationsgeschwindigkeiten einem Potenzgesetz mit einem gefitteten Exponenten von 0,37 folgen [122]. Vor diesem Hintergrund sind die vorgestellten Ergebnisse der VFP2-Studie durchaus interessant, da offensichtlich das Verhalten des Vestibulärapparats nur für bestimmte Stimulusarten dem Weberschen Gesetz folgt.

Auswirkungen auf Fahrbarkeitsuntersuchungen Bei Fahrbarkeitsbewertungen werden in der Regel Relativvergleiche zwischen verschiedenen Varianten durchgeführt. Dies liegt unter anderem daran, dass es Testpersonen schwer fällt absolute Beurteilungen vorzunehmen, da ihnen dann der „Bewertungsanker" fehlt. Zudem besitzt eine Fahrbarkeitsbewertung ohne Bezugskontext nur eine geringe Aussagekraft, da beispielsweise ein und derselbe Beschleunigungsverlauf bei einem Sportwagen anders bewertet wird als bei einem Kleinwagen oder Nutzfahrzeug infolge der veränderten Erwartungshaltung.

Die relative Validität von Fahrsimulatoren ist stets höher als die absolute. Fehler in der Nachbildung der Realität (z. B. bezüglich Modellierung, Visualisierung, Sound, ggf. Motion-Cueing) sind oftmals ähnlich groß bei unterschiedlichen Konzeptvarianten und können somit bei einer relativen Betrachtung teilweise „herausnormiert" werden. Deswegen ist es in der Regel sinnvoll, Fahrbarkeitsergebnisse zu normieren, z. B. bezüglich der Referenzbeschleunigung.

Auf dem klassischen Weberschen Gesetz begründet sich oftmals die Annahme, dass normierte Ergebnisse aus skalierten Simulatorstudien direkt auf die Realität übertragen werden können, da der relative JND konstant und somit unabhängig von der Skalierung ist:

$$\frac{a_{\mathrm{JND}}}{a} = k \qquad\qquad \text{Gl. 4.4}$$

Die vorgestellten Versuchsergebnisse zeigen jedoch, dass im Simulatorumfeld das Webersche Gesetz in der erweiterten Form angewendet werden sollte, sodass sich für den relativen JND folgende Beziehung ergibt:

$$\frac{a_{\mathrm{JND}}}{a} = k + \frac{a_0}{a} \qquad\qquad \text{Gl. 4.5}$$

Mit sinkenden Referenzwerten a nehmen die Auswirkungen des zusätzlichen Terms $\frac{a_0}{a}$ auf das Ergebnis deutlich zu, wie aus Abbildung 4.18 klar ersichtlich wird.

Eine starke Skalierung ist oftmals unvermeidlich, insbesondere bei sehr dynamischen Manövern. In solchen Fällen muss der soeben beschriebene Effekt bei der Interpretation von Versuchsergebnissen berücksichtigt werden. Beispielsweise beträgt bei einer Referenzbeschleunigung von $2\,\mathrm{m/s^2}$ der ebenmerkliche Beschleunigungsunterschied 3,75 %. Eine Triebstrangmodifikation, welche das Beschleunigungsvermögen nicht um mindestens diesen Betrag steigert, wäre somit in dieser Hinsicht für den Fahrer nicht wahrnehmbar und trüge zu keiner direkten Verbesserung der Fahrbarkeit bei. Ein Simulatorversuch mit einem Skalierungsfaktor von 0,25 würde jedoch fälschlicherweise ergeben, dass eine Steigerung um mindestens 6,75 % erforderlich wäre. Das ist eine Überschätzung des notwendigen Aufwands um 80 %. Dies verdeutlicht, wie wichtig es ist, den Skalierungseinfluss bei Triebstrangbewertungen im Fahrsimulator

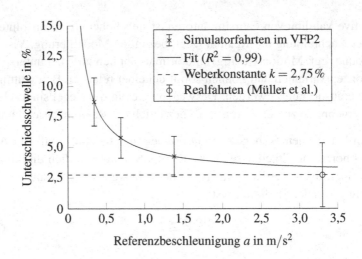

Abbildung 4.18: Zusammenhang zwischen der Referenzbeschleunigung und den Relativwerten der Unterschiedsschwelle

zu berücksichtigen. Gl. 4.5 quantifiziert diesen Einfluss für die Unterscheidbarkeit von Längsbeschleunigungen und ermöglicht somit eine Umrechnung von skalierten Simulatorergebnissen hin zu realen Fahrbedingungen.

4.4 Subjektive Bewertung der Fahrbarkeit

Nachdem im vorangegangenen Abschnitt untersucht wurde, wie groß Konzeptunterschiede im Fahrsimulator mindestens sein müssen, um überhaupt wahrgenommen zu werden, wird nachfolgend nun analysiert, wie überschwellige Konzeptunterschiede bewertet werden. Dabei wird zunächst in Unterabschnitt 4.4.1 untersucht, wie Änderungen der Beschleunigung und des Beschleunigungsgradienten beurteilt werden. Darauf aufbauend wird in Unterabschnitt 4.4.2 der Einfluss der Skalierung auf die Fahrbarkeitsbewertungen betrachtet.

4.4.1 Fahrbarkeitsbewertung verschiedener Motorkonzepte

Zielsetzung

Im Folgenden soll das entwickelte Simulationsframework für subjektive Fahrbarkeitsbewertungen eingesetzt werden. Dabei wird an die vorangegangenen Untersuchungen angeknüpft und untersucht, wie Unterschiede im Beschleunigungsniveau und im Beschleunigungsgradienten bewertet werden und welche dieser beiden Größen sich stärker auf die Fahrbarkeit auswirkt. Damit wird die Frage adressiert, welche technischen Maßnahmen aus der Perspektive der Fahrbarkeit effektiver sind.

Als Rahmenszenario wird erneut das Down- bzw. Rightsizing-Beispiel betrachtet. Dabei werden im Zuge einer weiteren Probandenstudie verschiedene Sauger- und euATL-Varianten bewertet, die jeweils auf den Konzepten A und B aus Tabelle 4.3 basieren. Beim Sauger-Konzept wird das stationäre Volllastmoment variiert, was in einer näherungsweise proportionalen Variation des Beschleunigungsniveaus resultiert. Beim euATL-Konzept wird die elektrische Unterstützungsleistung verändert, was wiederum den Ladedruckaufbau und damit den Beschleunigungsgradienten beeinflusst. Die genauen Versuchsbedingungen werden nachfolgend erläutert.

Studiendesign

Die Simulatorstudie fand im VFP2 statt mit dem in Unterabschnitt 4.3.1 beschriebenen, 31 Personen umfassenden Probandenkollektiv. Der Versuchsaufbau orientierte sich sehr stark an der in Unterabschnitt 4.3.1 vorgestellten Studie. Es wurde versucht, den Ablauf so wenig wie möglich zu verändern, um die Vergleichbarkeit der Ergebnisse sicherzustellen und um die Probanden nicht zu verwirren. Aus diesem Grund sind die Probanden auch dieselben Konzeptvarianten gefahren – siehe Abbildung 4.11. Die zu bewertenden Konzeptunterschiede waren entsprechend erneut logarithmisch verteilt.

Zu Beginn der Studie wurde den Probanden mitgeteilt, dass sie verschiedene Roadster-Varianten im 2. Gang bei 1500 U/min fahren werden, damit sie ihre Erwartungshaltung entsprechend für die Fahrbarkeitsbewertungen anpassen konnten. Außerdem wurde ihnen die in Tabelle 2.1 dargestellte ATZ-Bewertungsskala ausführlich erklärt und innerhalb ihres Blickfelds im Cockpit angebracht.

Die Studie umfasste zwei Versuchsteile, die zusammen etwa 30 min pro Proband dauerten und in randomisierter Reihenfolge durchgeführt wurden. Der eine Versuchsteil umfasste Änderungen der Beschleunigung und der andere des Gradienten. In jedem Versuchsteil wurden die Referenz – also das Konzept in der Standard-Parametrierung – sowie zehn Varianten bewertet, von denen fünf dynamischer und fünf weniger dynamisch waren als die Referenz.

Aufgrund des engen Spielraums für die Darstellung dynamischerer Manöver wurden nach „unten" hin größere Unterschiede dargeboten, um eine ausreichend große Spreizung in den Varianten abzudecken. Die schwächste euATL-Variante stellt dabei den Fall ohne elektrische Unterstützung dar und korrespondiert somit zum ATL-Konzept, also zu Konzept C aus Tabelle 4.3. Schwächere Variaten wurden nicht betrachtet, da sie technisch wenig Sinn ergäben. Der Beschleunigungsgradient beim ATL-Konzept beträgt 27,8 % bezogen auf den Gradienten der 100 % euATL-Referenz. Analog wurde die schwächste untersuchte Sauger-Variante so gewählt, dass sie ein Volllastmoment in Höhe von 27,8 % der Standard-Parametrierung besitzt. Dadurch soll nicht nur die Vergleichbarkeit gewährleistet, sondern auch ein möglichst großer Bereich der Bewertungsskala in den Antworten abgedeckt werden. Die Reihenfolge der Varianten während des Versuchs war randomisiert. Der genaue Versuchsablauf umfasste die im Folgenden beschriebenen Schritte.

Die Probanden führten zu Beginn ein Lastsprungmanöver in der Standard-Parametrierung durch. Dieses sollten sie anhand der ATZ-Skala bewerten. Probanden, die sich in ihrer Bewertung unsicher waren, durften das Manöver solange wiederholen, bis sie zu einem endgültigen Urteil kamen. Dieses wurde dann als individuelle Referenzbewertung festgehalten und durfte von den Probanden im weiteren Versuchsverlauf nicht mehr verändert werden. Der Versuchsleiter bestimmte derweil die nächste Variante. Die Probanden führten dann das Vergleichsmanöver aus, ohne zu wissen, worin der Unterschied lag. Sie bewerteten die Variante und kommunizierten ihr Bewertungsergebnis verbal an den Versuchsleiter. Bei Bedarf durften sie das Manöver wiederholen und ihre Bewertung korrigieren. Anschließend wurde erneut die Referenz gefahren. Dies erfolgte lediglich, um den Gesamteindruck der Referenz aufzufrischen und präsent zu halten. Eine Bewertung wurde nicht vorgenommen, da diese bereits vorlag. Daraufhin folgte die nächste, zu bewertende Variante. Das Prozedere wurde solange wiederholt, bis zehn Varianten pro Versuchsteil bewertet waren.

Ergebnisse

Alle Probanden konnten den Versuch problemlos beenden und es gab keine signifikanten Auffälligkeiten im Kinetosefragebogen SSQ. In der Regel konnten die Probanden bereits bei der ersten Manöverausführung zu einer endgültigen Fahrbarkeitsbewertung kommen und falls sie Korrekturen vornahmen, waren diese meist eher gering. Dies deckt sich mit den Beobachtungen anderer Autoren. So treten bei den Fahrbarkeitsuntersuchungen in [64, 66] ebenfalls nur geringe Diskrepanzen zwischen dem ersten Eindruck und der finalen Bewertung der Probanden auf.

Die Fahrbarkeitsbewertungen für die Sauger-Varianten sind in Abbildung 4.19 dargestellt. Der Bewertungsindex *BI* für das Referenzmanöver mit der Standard-Parametrierung liegt für die meisten Probanden zwischen 7 und 8 und somit in einem üblichen Bereich für dieses Fahrzeugsegment. Der Mittelwert der Referenz beträgt 7,60 (*SD* = 0,55). Die Sauger-Varianten mit verringertem Volllastmoment erhalten erwartungsgemäß niedrigere Bewertungen. Hierbei ist ein starker linearer Zusammenhang mit einem Bestimmtheitsmaß von $R^2 = 0,99$ zu beobachten:

$$BI_{\text{Konzept A}}(a) = 0,7 + 4,91 \frac{s^2}{m} \cdot a \qquad \text{Gl. 4.6}$$

In Abbildung 4.20 sind die Fahrbarkeitsbewertungen der euATL-Varianten dargestellt. Die durchschnittliche Bewertung der euATL-Referenz beträgt 7,57 (*SD* = 0,64), womit sie fast genauso gut wie die Sauger-Referenz bewertet wird. Mit abnehmender elektrischer Unterstützungsleistung nehmen auch die *BI*-Werte ab, jedoch weniger stark als bei der Reduktion des Volllastmoments. Die schwächste Variante entspricht dem Fahrzeugkonzept C (ATL), die mit durchschnittlich 5,27 (*SD* = 1,46) bewertet wird. Da die Lastsprungmanöver bei 1500 U/min erfolgen, ist das Turboloch beim ATL-Konzept besonders stark ausgeprägt, was sich in den Bewertungen klar niederschlägt.

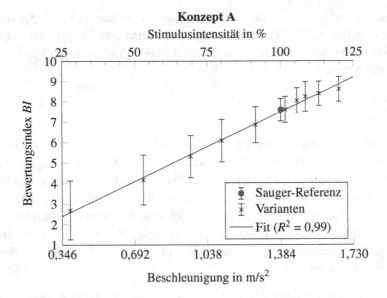

Abbildung 4.19: Fahrbarkeitsbewertungen für verschiedene Saugmotorvarianten

Auch im Falle des Beschleunigungsgradienten lässt sich eine starke lineare Beziehung zwischen der Reizstärke und dem Bewertungsindex ($R^2 = 0{,}98$) mit folgenden Koeffizienten feststellen:

$$BI_{\text{Konzept B}}(\dot{a}) = 4{,}39 + 2{,}59 \, \frac{\text{s}^3}{\text{m}} \cdot \dot{a} \qquad \text{Gl. 4.7}$$

Auffällig ist, dass die gefittete Gerade beim Gradienten flacher ist als bei der Beschleunigungsvariation. Dies liegt daran, dass der JND-Wert für Gradientenänderungen größer ist. Die Sensibilität der Probanden ist also geringer, sodass sich Konzeptunterschiede weniger stark auf die Bewertung auswirken. Technische Maßnahmen, die in erster Linie das Spontanmoment steigern, sind somit effektiver unter Fahrbarkeitsgesichtspunkten als Technologien, die primär den Drehmomentenaufbau adressieren. Dies gilt es bei der Abwägung verschiedener Konzeptalternativen und bei der Komponentenauslegung zu berücksichtigen.

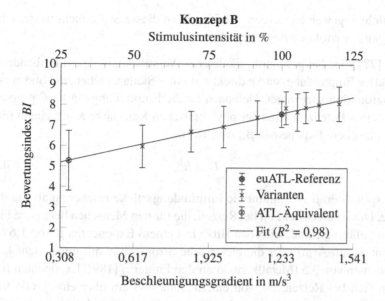

Abbildung 4.20: Fahrbarkeitsbewertungen für verschiedene Turbomotorvarianten

Diskussion

Der ermittelte lineare Zusammenhang für die Fahrbarkeitsbewertung soll nun unter psychophysikalischen Gesichtspunkten diskutiert werden. Zur Beschreibung des Zusammenhangs zwischen einem physikalischen Reiz und der menschlichen Empfindungsstärke kommen in der Psychophysik im Wesentlichen zwei Ansätze zum Einsatz: das Fechnersche Gesetz und die Stevenssche Potenzfunktion.

Das Fechnersche Gesetz basiert auf der Annahme, dass der JND dem kleinsten Inkrement der subjektiven Empfindungsstärke entspricht [52]. Durch Integration über die JND-Werte erhält man somit eine Skala für die Empfindungsstärke. Die Herleitung des Fechnerschen Gesetzes basiert auf dem klassischen Weberschen Gesetz nach Gl. 4.2 [61]. Wie in Unterabschnitt 4.3.2 gezeigt werden konnte, ist das Webersche Gesetz in seiner klassischen Form bei den in Fahrsimulatorversuchen typischerweise auftretenden niedrigen Beschleunigungen jedoch nicht anwendbar. Infolgedessen kann auch das Fechnersche Gesetz nicht angewendet werden, weswegen an dieser Stelle nicht weiter darauf eingegangen wird.

Nach [77] wird bei psychophysikalischen Versuchen, in denen Probanden die subjektive Empfindungsstärke direkt auf einer Skala angeben, die Stevenssche Potenzfunktion angewandt. Demnach ist die Empfindungsstärke E proportional zu einer Potenzfunktion der physikalischen Reizstärke R mit einem rezeptorspezifischem Exponenten β [188, 189]:

$$E \propto R^{\beta} \qquad\qquad \text{Gl. 4.8}$$

Bei Exponenten $\beta > 1$ nimmt die Empfindungsstärke rascher zu als die Reizstärke. Das ist meist der Fall bei Reizen, die für den Menschen bei hohen Intensitäten gefährlich sind, wie etwa Hitze mit einem Exponenten β von 1,6 (Metallkontakt am Arm) oder die elektrische Stromstärke mit einem sehr hohen Exponenten von 3,5 (Metallkontakt an den Fingern) [189]. Exponenten $\beta < 1$ finden sich bei Reizen, die von einem Sinnessystem über eine große Intensitätsbandbreite verarbeitet werden können. Das trifft beispielsweise auf das Gehör zu, das Schalldrücke über einen Bereich von 6 Zehnerpotenzen als unterschiedlich laut wahrnehmen kann [77] und einen Stevens-Exponenten von 0,67 aufweist [189]. Bei $\beta \approx 1$ liegt eine näherungsweise lineare Beziehung zwischen der Reiz- und Empfindungsstärke vor. Dies gilt beispielsweise für Kälte (Metallkontakt am Arm) oder für visuelle Längenabschätzungen (projizierte Linien) mit jeweils $\beta = 1$ [189].

Aus formalen Gründen wird die Stevenssche Potenzfunktion in der vorliegenden Arbeit jedoch nicht angewandt, da sie nur in der Psychophysik zur Beschreibung der Empfindungsstärke eingesetzt wird, welche einen beobachtenden und nicht wertenden Charakter hat. Hier geht es jedoch um Fahrbarkeitsbewertungen. Diese drücken das Maß an Gefallen aus und stellen per Definition stets eine wertende Beurteilung dar. Dennoch ist es erfreulich, dass die Versuchsergebnisse nicht im Widerspruch stehen zur Stevens-Funktion, da ein Exponent im Bereich von 1, der sich für die Beschleunigungsempfindung bei Anwendung der Stevens-Funktion ergäbe, nicht unplausibel erscheint.

4.4.2 Einfluss der Skalierung auf die Fahrbarkeitsbewertung

Zielsetzung

Im Folgenden soll untersucht werden, wie sich der Einsatz von Skalierung auf Fahrbarkeitsbewertungen im Fahrsimulator auswirkt. Da die Skalierung eine der größten Ursachen für Wahrnehmungsunterschiede zur Realität darstellt, ist sie von besonderer Bedeutung. Deshalb wird diese Thematik mit einer gesonderten Probandenstudie untersucht, in der für das Fahrzeugkonzept A (Sauger) Fahrbarkeitsbewertungen mit drei verschiedenen Skalierungsfaktoren durchgeführt werden.

Versuchsablauf

Damit die Ergebnisse miteinander vergleichbar sind, wurde die Studie nach genau dem gleichen Schema durchgeführt wie die soeben in Unterabschnitt 4.4.1 beschriebene. Es wurden die folgenden Untersuchungsszenarien betrachtet:

- Szenario A mit einem Skalierungsfaktor von 0,5

- Szenario $A_\downarrow$ mit einem Skalierungsfaktor von 0,25

- Szenario $A_{\Downarrow}$ mit einem Skalierungsfaktor von 0,125

Szenario A wird bereits durch die Untersuchungen aus Unterabschnitt 4.4.1 mit 31 Personen abgedeckt, sodass die Ergebnisse direkt übernommen werden. Für die Szenarien $A_\downarrow$ und $A_{\Downarrow}$ wurde das verkleinerte Probandenkollektiv mit 15 Personen, das in Unterabschnitt 4.3.2 beschrieben ist, herangezogen. Die Szenarien $A_\downarrow$ und $A_{\Downarrow}$ wurden im VFP2 in randomisierter Reihenfolge durchgeführt. Den Probanden wurden die Skalierungsfaktoren dabei nicht mitgeteilt. Ihre Aufgabe war es, die verschiedenen Lastsprungreaktionen nach ihrer persönlichen Einschätzung auf der ATZ-Skala zu bewerten. Alle weiteren Details zum Versuchsablauf entsprechen den vorangegangenen Untersuchungen und können Unterabschnitt 4.4.1 entnommen werden.

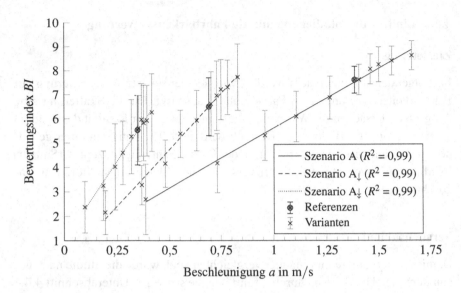

Abbildung 4.21: Absolute Fahrbarkeitsbewertungen von Sauger-Konzeptvarianten bei verschiedenen Skalierungen

Ergebnisse und Diskussion

Abbildung 4.21 zeigt die Mittelwerte und Standardabweichungen der Fahrbarkeitsbewertungen für die jeweiligen Sauger-Varianten in den drei Skalierungsszenarien. Erwähnenswert ist, dass zwischen der Beschleunigungsstärke und dem mittleren Bewertungsindex in allen drei Szenarien ein sehr starker linearer Zusammenhang vorliegt mit jeweils $R^2 = 0{,}99$, was die Erkenntnisse der vorangegangenen Untersuchungen bestärkt. Die Steigungen der gefitteten Geraden, bzw. die BI-Werte im Allgemeinen, unterscheiden sich interessanterweise deutlich zwischen den einzelnen Szenarien. Es ist somit nicht zulässig, absolute Fahrbarkeitsbewertungen aus skalierten Simulatorversuchen einfach eins zu eins in die Realität zu übertragen.

Erstaunlich ist zudem, dass die Ergebnisse der drei Szenarien nicht „in einer Flucht liegen". So wurde beispielsweise die Konzeptvariante des Saugers mit einer Beschleunigungsstärke von $0{,}73\,\mathrm{m/s^2}$ in Szenario $A_\downarrow$ deutlich besser bewertet als in Szenario A, obwohl es der gleiche Beschleunigungsverlauf ist.

Dieses Phänomen tritt allerdings bei einer relativen Betrachtung nicht auf. In Abbildung 4.22 sind die Fahrbarkeitsbewertungen nochmals dargestellt, jedoch normiert auf den Referenzfall des jeweiligen Szenarios. Der Übersichtlichkeit halber wurden die Standardabweichungen weggelassen. Die Bewertungen aus den Szenarien A, $A_\downarrow$ und $A_{\downarrow\!\!\downarrow}$ liegen nun sehr nahe beieinander, sodass sich eine gemeinsame Gerade durch die relativen BI-Mittelwerte fitten lässt ($R^2 = 0{,}98$):

$$BI_{\text{rel}}(a) = 0{,}9\,\frac{a - a_{\text{Ref}}}{a_{\text{Ref}}} = 0{,}9\,a_{\text{rel}} \qquad \text{Gl. 4.9}$$

Zum Vergleich sind in Abbildung 4.22 auch die relativen Fahrbarkeitsbewertungen des Gradienten-Szenarios B aus Unterabschnitt 4.4.1 eingefügt. Es ergibt sich eine flachere Gerade mit:

$$BI_{\text{rel}}(\dot a) = 0{,}42\,\frac{\dot a - \dot a_{\text{Ref}}}{\dot a_{\text{Ref}}} = 0{,}42\,\dot a_{\text{rel}} \qquad \text{Gl. 4.10}$$

Die Ergebnisse zeigen, dass relative Bewertungen durch den Einsatz von Skalierung kaum beeinträchtigt werden, Absolutbewertungen hingegen vergleichsweise stark. Nach [53] fällt es Menschen grundsätzlich schwer, die absolute Amplitude einer Beschleunigung zu schätzen. Relative Abschätzungen gelingen hingegen deutlich genauer. Da den Probanden in der Studie die Skalierungsfaktoren nicht mitgeteilt wurden, sind sie vermutlich nicht von einer so starken Reduktion der Beschleunigungen ausgegangen, haben sich aufgrund der ansonsten realitätsnahen Simulatorumgebung ein Stück weit an die Skalierung adaptiert und deshalb die Referenzmanöver von Szenario $A_\downarrow$ und $A_{\downarrow\!\!\downarrow}$ besser bewertet, als es eigentlich anhand von Szenario A zu erwarten gewesen wäre. Während des Versuchs wurde vor jeder Variantenbewertung die Referenz stets erneut gefahren, sodass der Vergleichsmaßstab durchgängig präsent war. Dadurch konnten sehr konsistente Bewertungen in der relativen Betrachtung erreicht werden.

Die Versuchsergebnisse verdeutlichen den Vorteil von relativen gegenüber absoluten Bewertungen. Für den Praxiseinsatz empfiehlt es sich also, Fahrbarkeitsbewertungen im Fahrsimulator nach Möglichkeit in Form von Relativvergleichen durchzuführen.

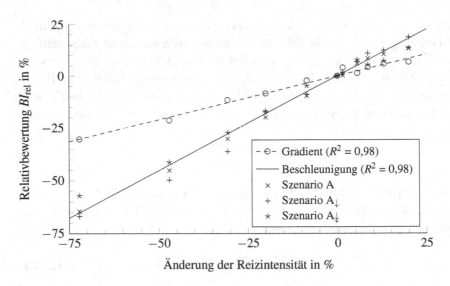

Abbildung 4.22: Relative Fahrbarkeitsbewertungen BI_{rel} im VFP2 von unterschiedlich skalierten Konzeptvarianten

4.5 Validierung mit realen Testfahrten

Nach den vorangegangenen Grundlagenuntersuchungen soll die Methodik nun validiert werden, indem verschiedene Lastsprung-Untersuchungen in zwei dynamischen High-Level-Fahrsimulatoren, dem VFP2 und dem Stuttgarter Fahrsimulator, durchgeführt und mit Ergebnissen aus realen Testfahrten verglichen werden. Da subjektive Fahrbarkeitsuntersuchungen zurzeit mit Prototypenfahrzeugen durchgeführt werden, stellen reale Testfahrten den Vergleichsmaßstab dar, an dem sich die virtuellen Umgebungen für Validierungen messen lassen müssen.

Zunächst wird in Unterabschnitt 4.5.1 die Unterscheidbarkeit von Konzeptalternativen in den verschiedenen Umgebungen betrachtet. Darauf aufbauend werden in Unterabschnitt 4.5.2 Fahrbarkeitsbewertungen verschiedener Lastsprungreaktionen validiert. Abschließend wird in Unterabschnitt 4.5.3 untersucht, inwieweit die allgemeine Realitätsnähe der Simulatorumgebungen für einen multisensorischen Fahreindruck gegeben ist.

4.5.1 Unterscheidbarkeit von Konzeptvarianten

Zielsetzung

In Abschnitt 4.3 wurde der ebenmerkliche Konzeptunterschied im VFP2 untersucht. Da jedoch andere Fahrsimulatoren auch andere Eigenschaften haben, stellt sich die Frage, wie sich die Simulatorumgebung auf die Unterscheidbarkeit von Konzepten auswirkt. Diese Fragestellung spielt beispielsweise bei der Auswahl und Abstimmung des optimalen Simulatorsettings für Fahrbarkeitsbewertungen eine große Rolle. Deshalb wird zum Vergleich der Stuttgarter Fahrsimulator als Vertreter der 8-DoF-Simulatoren mit XY-Schlittensystem herangezogen. In Aufbau und Funktionsweise unterscheidet er sich in vielerlei Hinsicht vom VFP2, wie in Unterabschnitt 2.3.1 bereits beschrieben.

Des Weiteren sollen zur Validierung auch Testfahrten in der Realität durchgeführt werden. Im Rahmen des Rightsizing-Beispielszenarios wird hierbei die euATL-Funktion untersucht. Das Ziel ist mittels einer Studie zu untersuchen, in welchem Medium Konzeptvarianten wie gut unterschieden werden können.

Studiendesign

Konzeptvarianten Die in Abschnitt 4.3 verwendete Methode zur Bestimmung der Unterschiedsschwelle ist ein sehr genaues, aber auch sehr aufwendiges Verfahren. Zur Anwendung auf der Teststrecke im Kontext der euATL-Funktion ist es wenig praktikabel, da eine Möglichkeit zur Variation des Reizunterschieds in zahlreichen, sehr feinen, reproduzierbaren und vorgegebenen Schritten erforderlich wäre, was so technisch nicht mit vertretbarem Aufwand umsetzbar war. Deswegen wurde zur Untersuchung der Unterscheidbarkeit von Konzeptvarianten auf der Teststrecke eine alternative Vorgehensweise erarbeitet.

In der Studie kam das Konzeptfahrzeug B aus Tabelle 4.3 auf einer abgeschlossenen Teststrecke zum Einsatz. Das Prototypenfahrzeug ist mit der euATL-Funktion ausgestattet, die jedoch ausgeschaltet werden kann. Dann entspricht es genau dem Konzeptfahrzeug C (ATL ohne elektrische Unterstützung) aus Tabelle 4.3. In Abbildung 4.5 ist der Effekt der elektrischen Unterstützung bei verschiedenen Drehzahlen veranschaulicht. Die elektrische Unterstützung führt zu einem schnelleren Ladedruckaufbau und somit zu einem größeren Beschleunigungsgradienten. Der Effekt nimmt jedoch mit zunehmenden Drehzahlen ab, da dann der Ladedruck auch ohne elektrische Unterstützung relativ hoch ist.

Als Konzept- bzw. Reizunterschied wird in dieser Studie der Unterschied zwischen den Beschleunigungsverläufen mit und ohne euATL definiert. Dieser Unterschied wird mit zunehmenden Drehzahlen kleiner. Folglich lässt sich die Unterscheidbarkeit der beiden Konzeptvarianten B und C analysieren, indem bei verschiedenen Drehzahlen überprüft wird, inwieweit die Versuchsteilnehmer erkennen können, ob die euATL-Funktion aktiviert ist.

Versuchsablauf Alle Realfahrten der Studie konnten innerhalb eines Tages durchgeführt werden, sodass die Witterungsverhältnisse vergleichbar waren. Vor den Versuchen wurde der Reifenluftdruck eingestellt, stets das Abblendlicht eingeschaltet, die Belüftung auf die erste Gebläsestufe mit ausgeschalteter Klimaautomatik gestellt und alle Fenster geschlossen. Die Versuchsteilnehmer konnten sich zu Beginn während einer kurzen Eingewöhnungsphase mit dem Fahrzeug und der Durchführung der Lastsprungmanöver vertraut machen.

Um das Einhalten der Manöverdauer zu erleichtern, wurde im Fahrzeug ein Metronom platziert, das alle 1,2 s einen Signalton erzeugte. Es war während des gesamten Versuchs aktiviert, damit die Versuchsteilnehmer den Rhythmus verinnerlichten. Sie wurden angewiesen, zur Manöverausführung das Fahrpedal während eines Tons zügig durchzutreten und beim nächsten Ton das Manöver wieder zu beenden. Um die korrekte Manöverausführung überprüfen zu können, wurden relevante CAN-Signale, wie z. B. die Fahrpedalstellung, Motordrehzahl und Beschleunigung, mitgeloggt.

Der Schalter zum An- und Ausschalten der elektrischen Unterstützung wurde im Prototypenfahrzeug zwischen den beiden Vordersitzen an einer Position angebracht, die außerhalb des Blickfelds des Fahrers liegt, aber vom Beifahrersitz aus während der Fahrt betätigt werden kann. Somit kann der Versuchsleiter die euATL-Funktion während des Versuchs ein- oder ausschalten, ohne dass es der Fahrer bemerkt.

Jede Testperson führte im 2. Gang bei 1500, 2500 und 4000 U/min mehrere Lastsprungmanöver durch. Für jede Drehzahl wurden zunächst zwei Manöver ohne und dann zwei Manöver mit elektrischer Unterstützung ausgeführt. Die Testpersonen waren hierbei über den Zustand der euATL-Funktion informiert, damit sie die jeweiligen Fahrzeugreaktionen kennenlernen und zuordnen konnten. Anschließend wurden in randomisierter Reihenfolge wiederum je zwei Manöver mit und ohne elektrische Unterstützung durchgeführt. Diesmal hatten die Testpersonen jedoch keine Kenntnis über den Zustand der euATL-Funktion und auch nicht darüber, dass sie stets in zwei von vier Testfällen aktiviert war. Den Versuchsteilnehmern wurde nach jedem Testmanöver die 2AFC-Selektivfrage gestellt, ob ihrer Meinung nach die euATL-Funktion aktiv war. Sie erhielten kein Feedback zu ihren Antworten, um Lerneffekte zu vermeiden.

Der gleiche Versuchsablauf wurde auch im VFP2 und im Stuttgarter Fahrsimulator entsprechend angewandt. Statt dem Metronom kam in den Simulatoren die in Unterabschnitt 4.2.2 beschriebene Manöver-Teilautomatisierung zum Einsatz. Abgesehen davon wurde der Versuchsablauf aus Gründen der Vergleichbarkeit nicht verändert.

Expertenkollektiv Die Realfahrten fanden mit einem Prototypenfahrzeug auf einer abgeschlossenen Teststrecke der Porsche AG in Weissach statt. Da für die Nutzung von Prototypen und das Befahren der Teststrecke verschiedene Sicherheitstrainings und Fahrgenehmigungen erforderlich sind, wurde die Studie nicht mit dem gesamten Probandenkollektiv aus Abschnitt 4.3 durchgeführt, sondern stattdessen mit 7 ausgewählten Fahrbarkeitsexperten. Sie führen regelmäßig Versuchsfahrten auf dem Testgelände durch und haben ein tiefes technisches Verständnis und viel Erfahrung im Bereich der Fahrbarkeit. Zudem ist ihnen das auf dem Markt vertretene Spektrum an typischen Fahrbarkeitsmerkmalen bekannt, da sie Fahrerfahrung mit zahlreichen Fahrzeugen unterschiedlicher Hersteller haben. Das Expertenkollektiv war im Mittel 38 Jahre alt ($SD = 8{,}8$ Jahre). Die Altersspanne reichte von 30 bis 53 Jahren und alle Teilnehmer sind männlich. 28,6 % schätzten ihren eigenen Fahrstil als durchschnittlich und 71,4 % als eher dynamisch ein.

Die für eine Studie erforderliche Versuchspersonenzahl ist abhängig von der Effektstärke des untersuchten Phänomens und dem gewählten Signifikanzniveau [20]. Wenn unterschiedliche technische Auslegungsvarianten in Fahrversuchen verglichen werden sollen, sind nach [28] statistisch belastbare Ergebnisse ab 30 Probanden möglich. Nach [66, 105, 120] ist bei Expertenstudien jedoch auch eine niedrigere Stichprobengröße ausreichend, da Expertenmeinungen in der Regel belastbarer sind. So sind Experten geübter in der Ausführung anspruchsvoller Manöver, sodass ihnen mehr freie mentale Kapazität für die Bewertung bleibt [33]. Normalfahrer können Mängel zwar meist erkennen, aber oft nicht klar benennen oder zu anderen Fahrzeugen ins Verhältnis setzen [167], was Experten durch ihr technisches Hintergrundwissen leichter fällt. Zudem können Experten einzelne Bewertungskriterien besser voneinander trennen und differenzieren [73]. Ihre Einschätzungen weisen in der Regel deshalb eine höhere Wiederholsicherheit [2, 105] und eine geringere Streuung [84, 100, 105, 107, 167] auf als die von Normalfahrern. Aus diesen Gründen wird in der Praxis bei Expertenstudien meist eine geringere Anzahl an Versuchspersonen herangezogen, oft auch nur im einstelligen Bereich.

Auch wenn Expertenbewertungen als relativ verlässlich gelten, sind es letztendlich dennoch menschliche Einschätzungen, die naturgemäß abhängig sind von der aktuellen Verfassung, Stimmung und Situation sowie von einer eventuellen Voreingenommenheit hinsichtlich bestimmter Hersteller oder Technologien. Folglich weist die hier vorliegende, 7 Versuchspersonen umfassende Studie nur eine eingeschränkte statistische Belastbarkeit auf. Ihr Charakter gleicht den typischen Fahrbarkeitsuntersuchungen der Automobilhersteller, die auch nur von einigen wenigen Experten durchgeführt werden.

Ergebnisse und Diskussion

Die Ergebnisse der Expertenstudie sind in Abbildung 4.23a dargestellt. Auf der Teststrecke wurde bei 1500 U/min in allen Fällen richtig erkannt, ob die elektrische Unterstützung aktiviert war. Bei 2500 U/min beträgt die Erkennungsrate 93 %. Das heißt, von den insgesamt 28 Testfällen für diese Drehzahl (7 Experten mit je 4 Testfällen pro Drehzahl) wurden zwei falsch zugeordnet. Bei 4000 U/min beträgt die Erkennungsrate nur noch 61 %. Dies verdeutlicht, dass der Mehrwert der elektrischen Unterstützung mit zunehmender Drehzahl sinkt, weil dann der Abgasladedruck ohnehin schon so groß ist, dass zwischen ATL und euATL kaum ein Unterschied besteht.

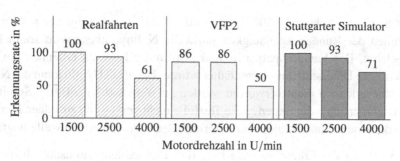

(a) Erkennungsrate der euATL-Funktion

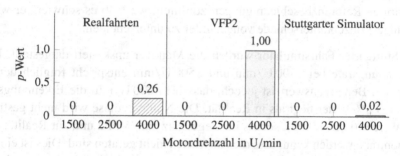

(b) Ergebnisse des t-Tests für die Nullhypothese, dass die Antworten geraten sind

Abbildung 4.23: Unterscheidbarkeit zwischen den Fahrzeugkonzepten B (euATL) und C (ATL) in Realität, im VFP2 und im Stuttgarter Simulator

Zur statistischen Überprüfung, ob dieser geringe Unterschied noch verlässlich wahrnehmbar ist, wurde der t-Test angewandt mit der Nullhypothese, dass die Antworten der Experten geraten sind. Die Ergebnisse zeigt Abbildung 4.23b. Der p-Wert der Teststatistik gibt die Wahrscheinlichkeit an, mit der man bei einer Wiederholung des Versuchs und unter der Bedingung, dass die Nullhypothese gültig ist, dieselbe oder eine höhere Erkennungsrate der euATL-Funktion erhalten würde. Je geringer also der p-Wert ist, desto stärker wird die Nullhypothese abgelehnt. Der p-Wert stellt somit ein Evidenzmaß für die Glaubwürdigkeit der Nullhypothese dar, welche verworfen wird, wenn der p-Wert das gewählte Signifikanzniveau (in der Regel 0,05) unterschreitet. [20]

Auf der Teststrecke bei 1500 U/min und 2500 U/min beträgt der p-Wert im Rahmen der Rundungsgenauigkeit null. Die Nullhypothese wird somit klar abgelehnt. Die Versuchspersonen sind also in der Lage zu erkennen, ob die elektrische Unterstützung zugeschaltet wurde. Bei 4000 U/min kann die Nullhypothese jedoch nicht verworfen werden (p-Wert $= 0{,}26 > 0{,}05$). Somit ist anzunehmen, dass die Experten die Testfälle nicht verlässlich zuordnen können und der Konzeptunterschied hier unterhalb der Unterschiedsschwelle liegt.

Im VFP2 ist die Erkennungsrate bei allen Drehzahlen grundsätzlich niedriger als in Realität. Dies kann auf die Skalierung zurückgeführt werden, da – wie in Unterabschnitt 4.3.2 gezeigt – die relative Unterschiedsschwelle bei niedrigen Referenzbeschleunigungen zunimmt, weshalb es schwieriger wird, geringe Konzeptunterschiede voneinander zu unterscheiden.

Im Stuttgarter Fahrsimulator wurden die Manöver unskaliert dargestellt. Die Erkennungsrate bei 1500 U/min und 2500 U/min entspricht folglich der in Realität. Bemerkenswert ist jedoch, dass bei 4000 U/min die Erkennungsrate mit 71 % höher liegt als in Realität. Die Nullhypothese wird nicht gestützt (p-Wert $= 0{,}02 < 0{,}05$), sodass im Gegensatz zum VFP2 und zur Realität angenommen werden kann, dass die Antworten nicht geraten sind. Dies ist ein erstaunliches Ergebnis, weil es nahelegt, dass im Stuttgarter Fahrsimulator Konzeptunterschiede sogar besser aufgelöst werden können als auf der Teststrecke.

Die Ursache für dieses Phänomen dürfte in der geringeren Reproduzierbarkeit der Manöver auf der Teststrecke liegen. So ist bei manueller Manöverausführung eine gewisse Varianz nicht vermeidbar. Darüber hinaus können auch Störgrößen, wie Fahrbahnunebenheiten und Umwelteinflüsse, zu einer geringfügigen Varianz in den Fahrzeugreaktionen führen. Die so verursachte Streuung im Beschleunigungsverlauf ist mit dem eigentlichen Beschleunigungsunterschied, den die euATL-Funktion erzeugt, überlagert. Bei 4000 U/min ist der Konzeptunterschied jedoch sehr gering, sodass die Auswirkungen der Streuung nicht mehr vernachlässigbar sind und sie die Erkennungsgenauigkeit der Versuchspersonen beeinträchtigen können. Nach [43] ist die Güte von subjektiven Beurteilungen bei Fahrversuchen abhängig von der Betriebspunktvarianz (schwankende Fahrereingaben), von der Fahrzeugvarianz (schwankende Fahrzeugreaktion) sowie von der intra- und interindividuellen Varianz. Die ersten beiden Einflussfaktoren entfallen im Fahrsimulator aufgrund der teilautomatisierten Manöverausführung und weniger externer Störgrößen. Außerdem erhöht sich im Fahrsimulator die verfügbare mentale Kapazität der Versuchspersonen für die Wahrnehmung und Zuordnung der Beschleunigungsverläufe durch die teilautomatisierte Manöverausführung, da sie sich weniger stark auf eine korrekte Lastsprung-Ausführung konzentrieren müssen.

Die Ergebnisse zeigen, dass möglichst nicht oder nur geringfügig skalierte Simulator-Setups für Fahrbarkeitsuntersuchungen anzustreben sind und sich deshalb Simulatoren mit großem Bewegungspotential, z. B. solche mit einem XY-Schlittensystem, besonders gut eignen. Zudem können bei unskalierter Darstellung Konzeptvarianten im Fahrsimulator sogar besser differenziert werden als in Realität aufgrund der höheren Reproduzierbarkeit. Dies demonstriert die Eignung und den Nutzen der in dieser Arbeit vorgestellten Methode für subjektive Fahrbarkeitsuntersuchungen in Fahrsimulatoren.

4.5.2 Subjektive Bewertung der Fahrbarkeit

Zielsetzung

Nachdem im letzten Abschnitt beleuchtet wurde, wie die Unterscheidbarkeit von Konzeptvarianten von der Wahl des Versuchsmediums abhängt, sollen diese Analysen nun auf Fahrbarkeitsbewertungen ausgedehnt werden. Dafür wird experimentell untersucht, wie verschiedene Lastsprungreaktionen des Rightsizing-Beispielszenarios im VFP2, im Stuttgarter Fahrsimulator und in Realität bewertet werden.

Studiendesign

Konzeptvarianten Betrachtet werden die Konzeptvarianten A, B und C aus Tabelle 4.3, also die Antriebsvarianten Sauger, euATL und ATL. Beim Prototypenfahrzeug B lässt sich die euATL-Funktion abschalten, sodass es dann genau der Konzeptvariante C entspricht. Folglich können die drei Varianten mit nur zwei Realfahrzeugen erprobt werden. Wie im vorangegangenen Abschnitt werden auch hier Lastsprungmanöver im 2. Gang bei den Motordrehzahlen 1500 U/min, 2500 U/min und 4000 U/min untersucht.

Versuchsablauf Zunächst wurden die Realversuche auf der Teststrecke mit dem Konzeptfahrzeug A durchgeführt. Das 7 Personen umfassende Expertenkollektiv führte nach einer kurzen Eingewöhnungsphase jeweils zwei Lastsprungmanöver pro Drehzahlvorgabe aus und bewertete diese auf der ATZ-Skala mit bis zu einer Nachkommastelle. Die Fahrbarkeitsbewertungen der beiden Durchläufe durften sich dabei natürlich unterscheiden. Im Anschluss daran wurde das Versuchsfahrzeug gewechselt. Nach einer kurzen Eingewöhnungsphase wurden sowohl mit ein- als auch ausgeschaltetem euATL wiederum je zwei Lastsprünge pro Drehzahlvorgabe bewertet. Aus Gründen der Vergleichbarkeit entsprechen die restlichen Versuchsrandbedingungen denen der vorangegangenen Expertenstudie aus Unterabschnitt 4.5.1.

Der Schalter zum Ein- und Ausschalten der euATL-Funktion befand sich außerhalb des Fahrersichtfelds, sodass der Versuchsleiter diesen ohne Kenntnisnahme des Fahrers betätigen konnte. Diese Besonderheit erlaubte die Durchführung einer zusätzlichen Testreihe mit sogenannten „Blindversuchen". Hierunter werden in der Psychologie Versuche verstanden, bei denen die Probanden nicht wissen, welcher experimentellen Bedingung sie zugeordnet sind [210]. Dadurch lassen sich potentielle Einflüsse von technischem Vorwissen, eventueller Voreingenommenheit oder sonstigen psychologischen Effekten auf die Fahrbarkeitsbewertungen untersuchen. Hierzu wurden pro Drehzahl- und Antriebsvariante jeweils zwei Lastsprünge in randomisierter Reihenfolge durchgeführt, ohne dass die Versuchsteilnehmer Kenntnis über den euATL-Zustand hatten und auch nicht darüber, dass es stets je zwei Manöver pro Antriebsvariante waren.

Der Versuchsablauf im VFP2 und Stuttgarter Fahrsimulator war grundsätzlich derselbe wie auf der Teststrecke. Wie auch schon bei der Expertenstudie im vorangegangenen Abschnitt betrug im VFP2 der Skalierungsfaktor 0,5. Im Stuttgarter Simulator waren alle Versuche unskaliert.

Ergebnisse und Diskussion

Auswertung der Nicht-Blindversuche Abbildung 4.24 zeigt die relativen Fahrbarkeitsbewertungen für die Konzeptalternativen A, B und C in den verschiedenen Versuchsmedien. Die Bewertungen sind normiert auf die mittlere

Bewertung bei 1500 U/min in dem jeweiligen Medium. Diese Bezugsdrehzahl wurde zum Zweck der Kohärenz mit Unterabschnitt 4.4.2 gewählt.

Bei allen Konzeptvarianten verbessern sich die Fahrbarkeitsbewertungen erwartungsgemäß mit steigender Drehzahl aufgrund der höheren Agilität. Bei den Konzepten A und B ist diese Bewertungszunahme eher moderat verglichen mit Konzept C. Dies liegt daran, dass beide Konzepte bereits bei der Bezugsdrehzahl ein hohes Bewertungsniveau aufweisen. Der mittlere Bewertungsindex des Saugers beträgt bei der Bezugsdrehzahl 7,27 Punkte ($SD = 0,64$) und entspricht damit praktisch dem euATL-Konzept mit 7,25 ($SD = 0,68$). Der ATL schneidet dagegen deutlich schlechter ab mit einer mittleren Absolutbewertung von 5,77 ($SD = 0,68$) bei 1500 U/min aufgrund des sehr stark ausgeprägten Turbolochs. Dies erklärt die hohen Bewertungszunahmen bei steigenden Drehzahlen für die ATL-Variante.

Die Relativbewertungen im VFP2 und im Stuttgarter Fahrsimulator stimmen sehr gut mit denen aus den Realversuchen überein. Dies kann grundsätzlich für alle drei Konzeptvarianten so festgestellt werden. Die mittleren Relativbewertungen im VFP2 weisen zu den Ergebnissen auf der Teststrecke einen Pearson-Korrelationskoeffizienten von 0,97 auf. Beim Stuttgarter Fahrsimulator beträgt der Korrelationskoeffizient 0,96. Auch die Streuung befindet sich in den verschiedenen Versuchsmedien auf einem sehr ähnlichen Niveau. Folglich kann für die in dieser Arbeit vorgestellte Methodik angenommen werden, dass eine relative Validität für Fahrbarkeitsbewertungen im Fahrsimulator vorliegt.

Auswertung der Blindversuche In Abbildung 4.24b–c sind zusätzlich auch die Relativbewertungen der Blindversuche eingezeichnet. Unabhängig vom Versuchsmedium fallen sie fast durchgängig beim euATL geringfügig schlechter und beim ATL etwas besser aus als bei den Nicht-Blindversuchen. Konkret beträgt der Unterschied im Mittel −0,8 % beim euATL und 1,7 % beim ATL.

Das bedeutet, dass sich der ohnehin besser bewertete euATL allein dadurch, dass die Testpersonen über die dargebotene Konzeptvariante informiert waren, im Schnitt um weitere 0,8 % verbessert. Beim ATL verhält es sich entsprechend umgekehrt. Somit nimmt die Diskrepanz zwischen den beiden Varianten um 2,5 % zu. Auch wenn dieser Wert nicht groß erscheinen mag, so ist

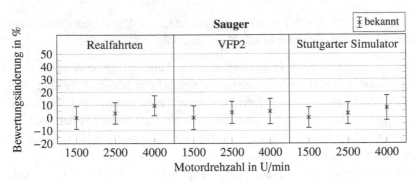

(a) Relativbewertungen für Konzept A (Sauger), normiert auf die Bewertung bei 1500 U/min

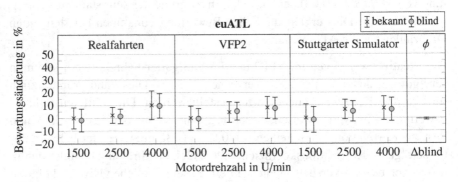

(b) Relativbewertungen für Konzept B (euATL), normiert auf die Bewertung bei 1500 U/min

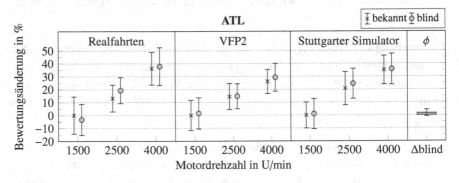

(c) Relativbewertungen für Konzept C (ATL), normiert auf die Bewertung bei 1500 U/min

Abbildung 4.24: Fahrbarkeitsbewertungen für die Fahrzeugkonzepte A, B und C

der psychologische Effekt dennoch statistisch signifikant, wie ein t-Test mit $p = 0{,}02 < 0{,}05$ zeigt.

Die Ursache für dieses Phänomen dürfte darin begründet liegen, dass die Experten durch ihr technisches Vorwissen und früheren Erfahrungen mit ähnlichen Fahrzeugkonzepten zu einer unterbewussten Voreingenommenheit neigen könnten. So wissen sie beispielsweise, dass der euATL technisch bedingt besser sein „muss" als der ATL, was dann auch in die Bewertung miteinfließt, sobald die Antriebsvariante bekannt ist. Dieser Effekt scheint unbewusst stattzufinden, da er auch bei 1500 U/min genauso auftritt, obwohl die Antriebsvarianten dann für die Testpersonen eindeutig voneinander unterscheidbar sind und ihnen somit selbst auffallen könnte, dass sie nun abweichende Bewertungen abgeben im Vergleich zu den Nicht-Blindversuchen. Aufgrund der hohen Anzahl an Bewertungsaufgaben mit insgesamt 90 Manövern pro Person scheinen die Versuchsteilnehmer ihren eigenen Bias aber nicht zu bemerken.

Die hier gemachten Beobachtungen ergänzen sich gut mit den in [100, 167] beschriebenen Untersuchungen, wonach Experten dazu neigen, innovativen und technisch komplexen Systemen ihre Schwächen zu verzeihen oder diese weniger stark zu gewichten. Dementsprechend werden negative Aspekte des euATL-Konzepts eher ausgeblendet, wenn das Antriebskonzept bekannt ist.

Obwohl sich solche und ähnliche psychologische Effekte durch Blindversuche wirkungsvoll eindämmen lassen, kommen sie bei typischen Fahrbarkeitsuntersuchungen der Automobilhersteller praktisch kaum zum Einsatz. Das liegt daran, dass Blindversuche mit realen Prototypen in vielen Fällen aus technischen Gründen nicht mit vertretbarem Aufwand möglich sind. So ist beispielsweise der Konzeptvergleich A vs. B beziehungsweise A vs. C auf der Teststrecke als Blindversuch nicht ohne Weiteres möglich. Dies demonstriert einen weiteren Nutzen von Fahrbarkeitsbewertungen im Fahrsimulator, zumal bei dem in dieser Arbeit vorgestellten Vorgehen kein zusätzlicher Aufwand für Blindversuche entsteht.

4.5.3 Realitätsnähe der Simulatorfahrten

Zielsetzung

Nachdem im vorherigen Abschnitt am Beispiel eines konkreten Konzept-vergleichs Fahrbarkeitsbewertungen aus Simulator- und Realfahrten gegen-übergestellt wurden, soll die Validierung nun aus einer allgemeineren, ab-strakteren Perspektive erfolgen. Statt der Fahrbarkeit von Konzeptvarianten wird nun die Realitätsnähe der virtuellen Fahrversuche durch das Experten-kollektiv beurteilt.

Zunächst wird hierfür der subjektive Fahreindruck auf einzelne Bewertungs-kriterien heruntergebrochen. In [5] sind die Einzelkriterien und Merkmals-ausprägungen beschrieben, die das kommerzielle Objektivierungswerkzeug AVL-Drive für Lastsprung-Bewertungen berücksichtigt. Für die Wichtigs-ten davon sollen die Versuchsteilnehmer den Realitätsgrad im VFP2 und im Stuttgarter Fahrsimulator bewerten.

Auch wenn sich Fahrbarkeitsbewertungen, insbesondere bei Lastsprungmanö-vern, sehr stark auf die vestibuläre Wahrnehmung stützen, so sind sie doch stets das Ergebnis eines vielschichtigen Verarbeitungsprozesses von multisen-sorischen Informationen. Dieser kann auch durch eher manöver-unspezifische Aspekte – wie Visualisierung und Sound – beeinflusst werden. Deswegen soll das Expertenkollektiv auch zu diesen Merkmalen befragt werden.

Studiendesign

Die Befragungen wurden nicht in einer gesonderten Studie durchgeführt, son-dern kombiniert mit den Untersuchungen aus Unterabschnitt 4.5.2, bei denen die Testpersonen die Lastsprungmanöver zunächst auf der Teststrecke, einen Tag später im VFP2 und einen weiteren Tag darauf im Stuttgarter Fahrsimula-tor bewerten. Jeweils im Anschluss an die beiden Simulatordurchläufe wurden die Einschätzungen der Experten zum Realitätsgrad mithilfe von Fragebögen erfasst. Da zu dem Zeitpunkt die Realfahrten mit denselben Konzeptvarianten höchstens zwei Tage zurücklagen, ist davon auszugehen, dass sich die Ver-suchspersonen noch gut daran erinnern und die Realitätsnähe der Simulator-fahrten entsprechend gut einschätzen konnten.

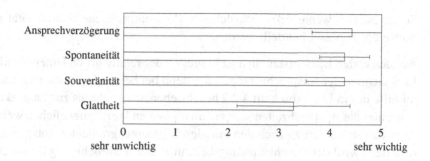

Abbildung 4.25: Subjektive Gewichtung der Einzelkriterien für den Gesamteindruck von Lastsprungreaktionen im Sportwagensegment

Ergebnisse und Diskussion

Die Testteilnehmer wurden gebeten, die Wichtigkeit der ausgewählten Einzelkriterien für ihre Fahrbarkeitsbewertungen auf der Likert-Skala [158] auszudrücken. Die Mittelwerte und Standardabweichungen der Antworten sind in Abbildung 4.25 dargestellt. Sie beziehen sich dabei explizit auf den hier betrachteten Bewertungskontext, also auf Lastsprungreaktionen im Sportwagensegment. Dementsprechend wird dem komfort-orientierten Bewertungskriterium Glattheit auch eine vergleichsweise geringe Bedeutung zugemessen. Das Kriterium beschreibt die Glattheit des Momentenaufbaus, also wie stark der Beschleunigungsverlauf mit Antriebsstrangschwingungen überlagert ist. Das Kriterium Ansprechverzögerung wird am stärksten gewichtet, dicht gefolgt von der Spontaneität und Souveränität. Die Ansprechverzögerung bezeichnet dabei die Zeit bis zum Momentenaufbau, die Spontaneität korrespondiert mit der Höhe des Spontanmoments, also mit dem Einzel- bzw. Anfangsschlag, und die Souveränität beschreibt die Durchzugsstärke, also die Höhe des Stationärmoments gegen Ende des Manövers. Abbildung 4.10 veranschaulicht die Begrifflichkeiten.

Abbildung 4.26 zeigt, als wie realitätsnah diese Merkmale in der virtuellen Umgebung wahrgenommen werden. Auffällig ist, dass im Stuttgarter Fahrsimulator durchweg alle Merkmale als realistischer beurteilt werden als im VFP2. Die Hauptursache dafür liegt darin, dass die Manöver im Stuttgarter Simulator dank des XY-Schlittensystems unskaliert dargestellt werden können.

So ist es auch wenig verwunderlich, dass die empfundene Spontaneität und Souveränität besser beurteilt werden.

Auf den ersten Blick erstaunlich ist hingegen der relativ große Unterschied im Realitätsgrad der Ansprechverzögerung, denn bei beiden Simulatoren konnten mithilfe des in Unterabschnitt 4.2.2 beschriebenen Verfahrens zur Latenzkompensation die Ansprechzeiten sehr gut an die realen Werte angeglichen werden. Aber da die Skalierung auch den initialen Momentengradienten entsprechend reduziert, wird der Beschleunigungsbeginn in der Wahrnehmung etwas „verwaschen" und weniger distinkt identifizierbar. Bei einem skalierungsbedingt grundsätzlich abgemilderten Beschleunigungsverlauf wird die Ansprechzeit somit tendenziell als länger empfunden.

Der geringere Realitätsgrad der Glattheit kann ebenfalls auf die Skalierung zurückgeführt werden, da die Versuchsteilnehmer von einem *zu* glatten Beschleunigungsverlauf berichteten. Insbesondere bei 4000 U/min sind die Beschleunigungsprofile in Realität mit sehr ausgeprägten Antriebsstrangschwingungen überlagert, deren Amplituden sich bei Skalierung jedoch entsprechend reduzieren und folglich weniger stark zu Tage treten. Auch im Stuttgarter Simulator wurden die Beschleunigungsverläufe als etwas zu glatt beschrieben. In der Zwischenzeit wurde der Stuttgarter Fahrsimulator jedoch um diverse Shaker-Systeme erweitert, die nun eine verbesserte Darstellung von Schwingungen und Vibrationen ermöglichen.

Trotz der genannten Schwächen wird dem Gesamteindruck bezüglich der Fahrbarkeit in beiden Simulatoren durch die Experten eine hohe Realitätsnähe bescheinigt. Abgesehen von der Glattheit, die von den Testpersonen aber ohnehin als eher weniger relevant erachtet wird, erzielen auch die Einzelkriterien gute Bewertungen.

Darüber hinaus gibt Abbildung 4.26 auch an, inwieweit die manöver-unabhängige Realitätsnähe der Simulatorumgebungen für einen multisensorischen Fahreindruck gegeben ist. Da im VFP2 ein Roadster-Mockup ohne Verdeck zum Einsatz kam, waren während der Fahrt Aktuatorgeräusche zu hören, die manche Testpersonen als störend empfanden. Doch abgesehen vom Sound werden auch hier grundsätzlich gute Bewertungen vergeben.

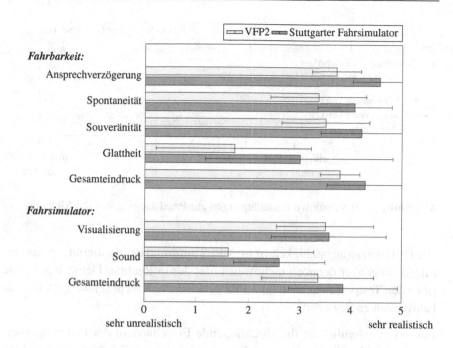

Abbildung 4.26: Subjektive Einschätzungen zur Realitätsnähe im untersuchten Anwendungsfall

Um Fehlinterpretationen vorzubeugen, soll an dieser Stelle betont werden, dass sich die subjektiven Einschätzungen der Testpersonen ausschließlich auf das hier untersuchte Anwendungsszenario beschränken. Sie können nicht ohne Weiteres auf andere Einsatzzwecke verallgemeinert werden und stellen keine Wertung der Simulatoren als solche dar. Stattdessen dienen sie dazu, die Stärken, Schwächen und Verbesserungspotentiale der in dieser Arbeit vorgestellten Methode aus der Sicht des angestrebten Nutzerkreises zu beleuchten.

Die Einschätzungen des Expertenkollektivs zum Praxiseinsatz der Methode sind in Abbildung 4.27 dargestellt. Die Bewertung der Fahrbarkeit ist den Testpersonen im Stuttgarter Fahrsimulator am leichtesten gefallen, gefolgt von der Teststrecke und dem VFP2. Dies deckt sich mit den Ergebnissen aus Unterabschnitt 4.5.1, wonach die Unterscheidbarkeit von Konzeptalternativen (ATL vs. euATL) im Stuttgarter Fahrsimulator sogar noch besser ist als in Realität.

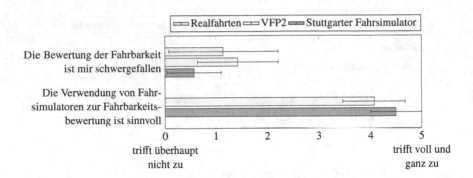

Abbildung 4.27: Subjektive Einschätzungen zur Praxistauglichkeit der Methode

Die Differenzierungsfähigkeit ist im VFP2 aufgrund der Skalierung etwas verringert, liegt aber dennoch nicht weit unter der in Realität. Dementsprechend ist es den Testpersonen auch im VFP2 grundsätzlich nicht schwergefallen, die Fahrbarkeit zu bewerten.

Besonders erfreulich ist die abschließende Einschätzung der Fahrbarkeitsexperten, dass die Verwendung von Fahrsimulatoren zur Fahrbarkeitsbewertung sinnvoll ist. Dies zeigt, dass die erarbeitete Methode positiv durch den angestrebten Nutzerkreis aufgenommen wird und den Produktentstehungsprozess in Zukunft sinnvoll unterstützen kann.

5 Ganzheitlicher Konzeptbewertungsprozess

Nachdem im letzten Kapitel untersucht wurde, inwieweit das entwickelte Simulationsframework Fahrbarkeitsbewertungen im Fahrsimulator ermöglicht, sollen die gewonnenen Erkenntnisse nun in einen ganzheitlichen Bewertungsprozess für die frühe Konzeptphase münden. Eine wesentliche Herausforderung besteht dabei darin, den Bewertungsprozess so zu gestalten, dass er praxistauglich ist und eine hinreichend hohe Akzeptanz bei Entscheidungsträgern und anwendenden Ingenieuren findet. Vor diesem Hintergrund ist es erforderlich, eine grobe Vorauswahl der vielversprechendsten Konzeptvarianten zu treffen, um den Testing-Aufwand im Fahrsimulator zu minimieren. Hierzu wird in Abschnitt 5.1 mithilfe der in den Probandenstudien bereits erhobenen Datenbasis ein Objektivierungsansatz erarbeitet, der für eine Offline-Erstbewertung eingesetzt werden kann. Darauf aufbauend wird in Abschnitt 5.2 der Gesamtprozess vorgestellt und in Abschnitt 5.3 im Fahrzeugentwicklungsprozess verortet. Abschnitt 5.4 gibt schließlich ein kurzes Anwendungsbeispiel.

5.1 Objektivierungsansatz für eine automatisierte Vorauswahl

Aufgrund der in der Konzeptphase sehr großen Anzahl an zu untersuchenden Varianten ist es in der Praxis nicht möglich, jede Einzelvariante im Fahrsimulator subjektiv zu beurteilen. Der Zeitbedarf und Aufwand dafür wären schlicht zu groß. Das gilt im besonderen Maße, wenn die Konzepte zur statistischen Absicherung durch mehrere Personen beurteilt werden sollen. Aus diesem Grund ist es notwendig, eine Vorauswahl zu treffen, um nur die vielversprechendsten Varianten im Fahrsimulator zu testen.

Solch eine Vorfilterung kann mithilfe objektivierter Fahrbarkeitsbewertungen erfolgen. Wie bereits in Unterabschnitt 2.2.2 erläutert wurde, wird bei der Objektivierung angestrebt, subjektive Bewertungen aus Probandenstudien mittels Regressions- und Korrelationsanalysen auf physikalische Kenngrößen zurück-

zuführen. Das ermöglicht danach die Durchführung von Fahrbarkeitsprogno-
sen rein auf der Grundlage von technischen Parametern. Da in Kapitel 4 eine
Reihe an Probandenstudien vorgestellt wurde, bietet es sich an, aufbauend auf
dieser Datengrundlage einen Objektivierungsansatz auszuarbeiten, der mit den
Signalen des Simulationsframeworks gespeist und für eine Variantenvoraus-
wahl genutzt werden kann.

Dabei ist zu berücksichtigen, dass sich unterschiedliche technische Maßnahmen natürlich auch unterschiedlich auf die Lastsprungreaktion eines Fahrzeugs auswirken. So beeinflussen z. B. Hubraumänderungen die absolute Beschleunigungshöhe, wohingegen die Unterstützungsleistung des euATLs den
Beschleunigungsgradienten verändert. Aus diesem Grund sollte bei der Objektivierung eine Kenngröße gefunden werden, welche die Fahrbarkeit möglichst
allgemeingültig und unabhängig von konkreten technischen Maßnahmen und
ihren Eigenarten zu charakterisieren vermag.

Hierfür ist es hilfreich, sich die eigentliche Fahrerintention bei einem Lastsprung zu vergegenwärtigen. Bei den hier betrachteten Lastsprungmanövern
tritt der Fahrer das Fahrpedal schlagartig und vollständig durch. Die Fahrereingabe stellt näherungsweise eine Sprungfunktion dar und der Fahrer fordert damit die maximal verfügbare Motorleistung an. Normalerweise würde er dies
nur tun, um seine Fahrgeschwindigkeit möglichst stark und zügig zu erhöhen. Ein geeigneter Gradmesser dafür, wie effektiv dieser Fahrerwunsch erfüllt
wird, ist das Beschleunigungsintegral: also der Geschwindigkeitszuwachs Δv
innerhalb des Manöverzeitraums von 1,2 s:

$$\Delta v = \int_{t=0\,\text{s}}^{t=1,2\,\text{s}} a(t)\,dt \qquad\qquad \text{Gl. 5.1}$$

Abbildung 5.1 zeigt die relativen Fahrbarkeitsbewertungen BI_{rel} der Probandenstudie im VFP2 aus Unterabschnitt 4.4.2 in Abhängigkeit des relativen Ge-
schwindigkeitszuwachses Δv_{rel} bezogen auf das jeweilige Referenzmanöver:

$$\Delta v_{\text{rel}} = \frac{\Delta v - \Delta v_{\text{Ref}}}{\Delta v_{\text{Ref}}} \qquad\qquad \text{Gl. 5.2}$$

Dabei ergibt sich der folgende lineare Zusammenhang ($R^2 = 0,98$):

$$BI_{\text{rel}} = 0,9\,\Delta v_{\text{rel}} \qquad\qquad \text{Gl. 5.3}$$

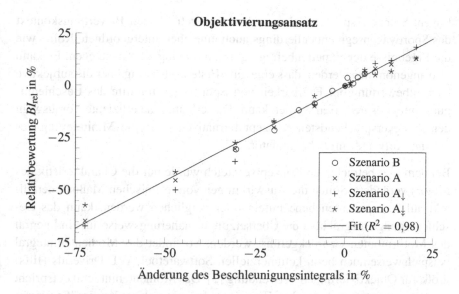

Abbildung 5.1: Die relativen Fahrbarkeitsbewertungen BI_{rel} im VFP2 zeigen eine gemeinsame Abhängigkeit vom relativen Geschwindigkeitszuwachs Δv_{rel}, welcher sich somit als Objektivierungskenngröße eignet

Im Gegensatz zu Abbildung 4.22, bei der die Fitting-Geraden der euATL- und Sauger-Varianten unterschiedliche Steigungen aufwiesen, zeigen bei der Betrachtungsweise über den relativen Geschwindigkeitszuwachs in Abbildung 5.1 nun alle Varianten das gleiche Verhalten. So liegen sowohl die euATL-Varianten (Szenario B) als auch die Sauger-Varianten bei einer Skalierung von 0,5 (Szenario A), 0,25 (Szenario A↓) und 0,125 (Szenario A↓) auf einer gemeinsamen Geraden. Deshalb kann angenommen werden, dass unabhängig von der jeweiligen technischen Maßnahme und der Form des Beschleunigungsverlaufs der relative Geschwindigkeitszuwachs Δv_{rel} als Objektivierungskenngröße verwendet werden kann.

Wichtig ist in diesem Zusammenhang der Hinweis, dass eine Objektivierung allein über den Geschwindigkeitszuwachs einen stark vereinfachenden Ansatz darstellt, der viele Bewertungsdimensionen und -kriterien der Fahrbarkeit nicht berücksichtigt. Zum Beispiel wird Komfortmerkmalen, wie Antriebsstrangschwingungen oder der Dosierbarkeit, nicht gesondert Rechnung getragen. Solche Aspekte spielen in dem hier betrachteten Bewertungskontext des Sportwagensegments allerdings auch eine eher untergeordnete Rolle, wie die Ergebnisse der Expertenbefragung in Abbildung 4.25 nahelegen. Es kann also angenommen werden, dass eine gute Ersteinschätzung über die subjektive Gesamtbewertung der Fahrbarkeit von Sportwagen mithilfe des Beschleunigungsintegrals getroffen werden kann. Das erlaubt eine effiziente Vorauswahl der erfolgversprechendsten Konzeptalternativen und eine Minimierung des Testing-Aufwands im Fahrsimulator.

Bei dem hier betrachteten Konzeptvergleich wurde nur die Charakteristik des Motors verändert. Sollen die Auswirkungen von technischen Maßnahmen direkt auf Komponentenebene miteinander verglichen werden, kann das Beschleunigungsintegral über die Übersetzungen näherungsweise auf ein Integral des Motormoments zurückgeführt werden. So findet das Momentenintegral beispielsweise auch beim kommerziellen Softwaretool AVL Drive als Hilfsgröße für Objektivierungen Verwendung [5]. Das Momentenintegral entspricht der abgegebenen mechanischen Energie und eignet sich als Kenngröße für reine Komponentenvergleiche, die unabhängig vom Restfahrzeug sind.

5.2 Zusammenführung zu einem ganzheitlichen Prozess

Die gewonnenen Erkenntnisse sollen nun zu einem ganzheitlichen Bewertungsprozess zusammengeführt werden. Dieser soll sich möglichst gut in bestehende Strukturen der Fahrzeugentwicklung integrieren lassen, um die Akzeptanz bei Anwendern und Entscheidungsträgern zu fördern. Einzelne Merkmale davon wurden bereits im Vorfeld in [46] veröffentlicht. Einen Überblick über den Gesamtprozess gibt Abbildung 5.2.

Zu Beginn des Entwicklungsprozesses werden die Kundenerwartungen, Absatzmarktchancen und das Wettbewerbsumfeld sowie die aktuell gültigen und für die Zukunft erwarteten Gesetze und Normen analysiert. Ausgehend davon werden die Eigenschaften und Ziele abgeleitet, die das zu entwickelnde Fahrzeug erfüllen soll. Die anschließende Entwicklungsarbeit richtet sich an diesen Zielen aus und soll Konzeptentwürfe erarbeiten, die die gesteckten Ziele bestmöglich erfüllen.

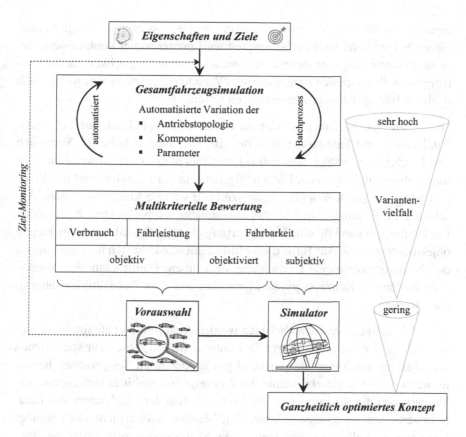

Abbildung 5.2: Gesamtablauf als zweistufiger Trichterprozess

Hierfür kommt im nächsten Schritt das in Kapitel 3 aufgebaute Simulationsframework zum Einsatz. Es beinhaltet ein Gesamtfahrzeugmodell, welches mittels der darin integrierten Maximaltopologie ein bedarfsgerechtes Zu- und Abschalten verschiedener Komponenten ermöglicht. Dadurch können neben konventionellen und elektrischen Topologievarianten auch serielle, parallele und kombinierte Hybride dargestellt werden. Diese breitgefächerte Anwendbarkeit ist für den Praxiseinsatz besonders wichtig, um die zuletzt stark gestiegene Variantenvielfalt beherrschbar zu machen. Zudem erleichtert die strikte Trennung von Modellierung und Parametrierung anwendungsspezifische Anpassungen. Ausgehend von der Betrachtung unterschiedlicher Topologiekonfigurationen über die Variation von Komponenten bis hin zur Feinjustierung einzelner Parameter wird der Konzeptentwurf immer weiter konkretisiert. Um dieses iterative Vorgehen zu unterstützen, wurde eine Möglichkeit zur automatisierten, vollfaktoriellen Erzeugung von Varianten implementiert, welche sich in einem Batchprozess zusammenfassen lassen.

Die simulierten Varianten werden anschließend im Hinblick auf Verbrauch, Fahrleistung und Fahrbarkeit bewertet. Bei den beiden Kriterien Verbrauch und Fahrleistung erfolgt dies anhand der üblichen, in der Konzeptentwicklung etablierten Zielgrößen. Die wichtigsten sind der Energiebedarf im WLTP und die 0–100 km/h-Beschleunigungszeit (für weitere Kenngrößen siehe Abschnitt 2.1). Es handelt sich hierbei ausschließlich um objektive Kennzahlen. Die Fahrbarkeit kann für eine Erstbewertung über das Beschleunigungsintegral objektiviert werden. Auf Basis dieser Informationen lässt sich in Abhängigkeit der Produktstrategie eine Gewichtung vornehmen. Damit kann eine Vorauswahl der besten Konzeptvarianten getroffen und ihre Ziel-Fähigkeit abgesichert werden.

Die erfolgversprechendsten Varianten werden daraufhin im Fahrsimulator hinsichtlich ihrer subjektiven Fahrbarkeit untersucht. Sie sollten zur statistischen Absicherung durch eine entsprechend große Anzahl an Testpersonen bewertet werden. Wie in Unterabschnitt 4.4.2 gezeigt, empfiehlt es sich hierbei, die Testpersonen die Konzeptvarianten direkt miteinander vergleichen und Relativbewertungen vornehmen zu lassen. Die Manöver sollten nicht oder nur möglichst wenig skaliert werden, weil starke Skalierungen zum einen die empfundene Realitätsnähe beeinträchtigen (siehe Expertenbefragung in Unterabschnitt 4.5.3) und zum anderen die Unterscheidbarkeit von Konzeptvarianten verringern (siehe euATL-Erkennungsrate in Unterabschnitt 4.5.1). Wie sich die Unterscheidbarkeit in Abhängigkeit des Skalierungsfaktors ändert, lässt sich mit der Erweiterung des Weberschen Gesetzes gemäß Gl. 4.5 beschreiben. Die Interpretation von Fahrsimulatorversuchen und der Ergebnistransfer hin zu Realbedingungen sollte unter Berücksichtigung dieser Beziehung erfolgen. Des Weiteren sind nach Möglichkeit Blindversuche durchzuführen, um psychologisch bedingte Bewertungsverfälschungen zu verhindern.

Durch das Durchlaufen der genannten Schritte erhält man schließlich ein ganzheitlich optimiertes Fahrzeugkonzept. Dies stellt einen nicht zu unterschätzen-

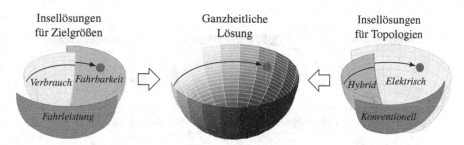

Abbildung 5.3: Die *Ball-in-Bowl*-Analogie in Anlehnung an [79, 204] illustriert das iterative Vorgehen (Pfeil) während der Konzeptbewertung (Ball). Inkonsistenzen beim Ergebnisübertrag zwischen Insellösungen werden durch die hier vorgestellte, ganzheitliche Lösung verhindert.

den Vorteil dar, weil in der Konzeptphase nach [162, 216] der größte Aufwand für die Bewältigung von Zielkonflikten betrieben wird. Dass die gesamte Methode für verschiedene Topologien und Zielgrößen mit nur einem einzigen Gesamtfahrzeugmodell auskommt, ist hierbei ein wesentliches Alleinstellungsmerkmal. Das verhindert Inkonsistenzen, die sonst beim Ergebnisübertrag zwischen einzelnen Insellösungen auftreten könnten – wie in Abbildung 5.3 veranschaulicht. Die *Ball-in-a-Bowl*-Analogie wird hier als Metapher verwendet für das iterative Vorgehen (Pfeil) während der Konzeptbewertung (Ball) hinsichtlich verschiedener Zielgrößen (links) und Topologiekonfigurationen (rechts). Inkonsistenzen zwischen eigenständigen Teillösungen können hervorgerufen werden durch potentielle Unterschiede hinsichtlich der Modellierungsweise (Vorwärts- vs. Rückwärtssimulation), Art der Implementierung (mathematisch- vs. signalfluss- vs. symbolorientiert), Modellierungstiefe (quasistationär vs. dynamisch vs. hochdynamisch), getroffener Annahmen und Vereinfachungen, unterschiedlich umgesetzter Regel- und Betriebsstrategien, uneinheitlicher Datenstände und Softwareversionen, Solver-Einstellungen und Simulationsschrittweiten usw. Das in dieser Arbeit entwickelte Simulationsframework stellt dagegen eine übergreifende, integrierte Lösung dar (Mitte). Neben der Vermeidung von Inkonsistenzen verringert sich dadurch zudem der Verwaltungs-, Pflege- und Testing-Aufwand sowie die Fehleranfälligkeit durch die Minimierung von Redundanzen.

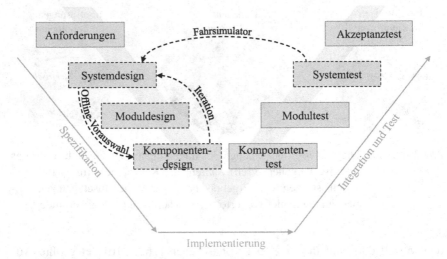

Abbildung 5.4: Einordnung des Bewertungsprozesses ins V-Modell nach [175, 199]

5.3 Einordnung in die Fahrzeugentwicklung

Abbildung 5.4 illustriert, wie sich der Bewertungsprozess ins V-Modell einordnen lässt. Das V-Modell ist ein in der Automobilindustrie weit verbreitetes
Prozessmodell zur Strukturierung von Entwicklungsumfängen. Es stellt eine
Kombination eines Top-Down- und Bottom-Up-Ansatzes dar [74]. Im linken
Ast des V-Modells werden ausgehend von den Benutzeranforderungen top-
down das Gesamtsystem, die Module und die Komponenten schrittweise aus-
gestaltet. Nachdem die Komponenten dann realisiert und aufgebaut wurden,
werden sie im rechten Ast bottom-up integriert, bis das entstehende Gesamtsystem schließlich den Benutzeranforderungen genügt [74].

Das entwickelte Simulationsframework unterstützt die in Abbildung 5.4 gestrichelt umrandeten Prozessschritte. Hierzu zählt die automatisierbare Simulation unterschiedlichster Topologie- und Komponentenvarianten im linken Ast.
Wie bereits erläutert, erfolgt in diesem Kreislaufprozess eine kennzahlenba-
sierte Bewertung und Vorauswahl der offline am Rechner simulierten Varianten. Für die vielversprechendsten Varianten ermöglicht die Erlebbarkeit im
Simulator außerdem eine frühzeitige subjektive Erprobung auf Systemebene.

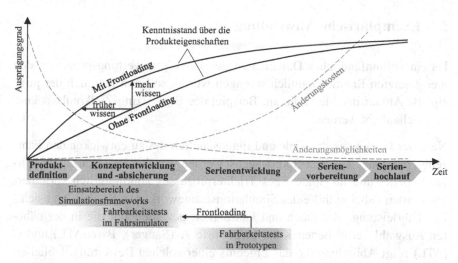

Abbildung 5.5: Frontloading-Effekte und zeitliche Einordnung des Bewertungsprozesses in die Fahrzeugentwicklung, angelehnt an [216]

Das Vorziehen des subjektiven Testings in die Konzeptphase trägt dazu bei, das Produktverständnis und den Reifegrad schneller zu steigern. Der Effekt dieser Frontloading-Maßnahme ist schematisch in Abbildung 5.5 dargestellt. Die mit Änderungen verbundenen Kosten nehmen mit fortschreitendem Projektverlauf überproportional zu. Durch die „Früherkennung" der Fahrbarkeitseigenschaften im Fahrsimulator können späte Änderungen verringert werden.

Zudem veranschaulicht Abbildung 5.5 in schematischer Weise die zeitliche Einordnung des Bewertungsprozesses in die Fahrzeugentwicklung. Die Durchführung von Gesamtfahrzeugsimulationen kann die Entwicklungstätigkeiten in einem relativ großen Zeitraum unterstützen. Die Konzepterprobung im Fahrsimulator ist hingegen gegen Ende der Konzeptphase am sinnvollsten. Es wird dann zwar nur eine Auswahl an Konzeptvarianten untersucht, aber dennoch ist die Erprobungsbandbreite im Simulator deutlich größer als im realen Prototypenversuch. Schließlich wird im Regelfall nur die eine Variante, die beim Konzeptentscheid beschlossen wurde, als physischer Prototyp aufgebaut (ggf. mit wenigen zusätzlichen Abwandlungen). Auch das breitere Erprobungsspektrum im Simulator kann beim Finden des Gesamtoptimums und bei der Verbesserung der Produktqualität behilflich sein.

5.4 Exemplarische Anwendung

Da ein vollumfängliches Durchlaufen des Konzeptbewertungsprozesses den hier gesetzten Rahmen deutlich sprengen würde, soll nun lediglich der prinzipielle Ablauf der Methodik am Beispiel des Rightsizing-Zielkonflikts kurz veranschaulicht werden.

Nach der Festlegung der Ziele und Eigenschaften des zu entwickelnden Fahrzeugs, hier eines Roadster-Sportwagens, werden verschiedene Konzeptentwürfe erarbeitet und im Sinne eines Trichterprozesses kontinuierlich verfeinert. Sie werden dabei mithilfe des Simulationsframeworks aus Kapitel 3 hinsichtlich Fahrleistung, Verbrauch und Fahrbarkeit bewertet. Für die in der näheren Auswahl verbliebenen Konzeptentwürfe A (Sauger), B (euATL) und C (ATL) zeigt Abbildung 5.6 das Ergebnis einer solchen Bewertung. Üblicherweise werden dabei die in Abschnitt 2.1 aufgeführten Kenngrößen betrachtet und in Abhängigkeit der Produktstrategie miteinander gewichtet. Der Einfachheit halber wird hier allerdings für jede Bewertungsdimension nur die jeweils wichtigste Kennzahl herangezogen. Das ist für die Fahrleistung der Standard-Sprint, für die Fahrbarkeit der Geschwindigkeitszuwachs Δv während eines Lastsprungs sowie schließlich der Normverbrauch in einem gesetzlichen Prüfzyklus.

Je höher eine Linie verläuft bzw. je größer die Fläche unter einer Linie, umso größer ist das grundsätzliche Erfolgspotential des jeweiligen Fahrzeugkonzepts im dargestellten Zielkonflikt. Zudem veranschaulicht Abbildung 5.6 die Stärken und Schwächen der jeweiligen Konzepte. So weist das Sauger-Konzept zwar den größten Geschwindigkeitszuwachs beim Lastsprung auf, schneidet bei Fahrleistung und Verbrauch allerdings schlechter ab als die Alternativkonzepte. Das ATL-Konzept hingegen zeigt ein ausgeprägtes Turboloch während des Lastsprungs bei 1500 U/min, erzielt jedoch gute Werte bei den anderen Kennzahlen. Verglichen mit dem ATL dreht das euATL-Konzept deutlich zügiger hoch, was Vorteile bei niedertourigen Lastsprüngen und in geringerem Ausmaß auch bei Sprints mit sich bringt. Seine Rekuperationsfähigkeit bietet zudem Möglichkeiten zur Verbrauchseinsparung.

Die sich in der näheren Auswahl befindenden Konzepte A, B und C werden im nächsten Schritt subjektiv im Fahrsimulator beurteilt. Dabei sollte ei-

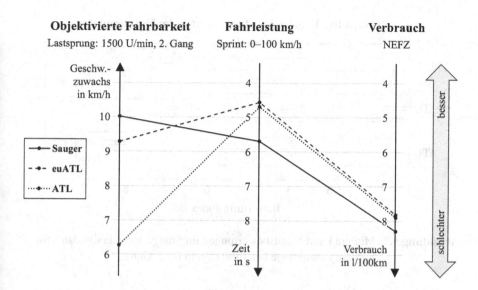

Abbildung 5.6: Simulativer Konzeptvergleich mit objektiv(iert)en Kenngrößen: Je weiter oben eine Linie verläuft, umso größer ist das Potential des jeweiligen Konzepts zur Zielkonfliktlösung.

ne starke Skalierung der Manöver vermieden werden, da sie zu einer Beeinträchtigung der empfundenen Realitätsnähe (siehe Expertenbefragung in Unterabschnitt 4.5.3) und der Unterscheidbarkeit von Konzeptalternativen (siehe euATL-Erkennungsrate in Unterabschnitt 4.5.1) führt. Aus diesem Grund wird nun auf die im Stuttgarter Fahrsimulator erhobenen Fahrbarkeitsbewertungen aus Unterabschnitt 4.5.2 zurückgegriffen, da diese aus unskalierten Versuchen stammen. Abbildung 5.7 zeigt die mittleren Subjektivbewertungen für Lastsprungreaktionen bei der Referenzdrehzahl 1500 U/min im 2. Gang.

Zur Vermeidung von psychologisch bedingten Ergebnisverzerrungen sind Blindversuche anzustreben. Diese waren während der Realfahrten nur für den ATL und euATL möglich, weshalb bei den korrespondierenden Fahrsimulatorfahrten ebenfalls nur diese Varianten im Rahmen von Blindversuchen bewertet wurden. Wie bereits erläutert, geht bei Bekanntsein der Konzepte die Schere zwischen den Bewertungen weiter auseinander, weil die befragten Experten wissen, dass der ATL technisch bedingt schlechter bzw. der euATL besser sein

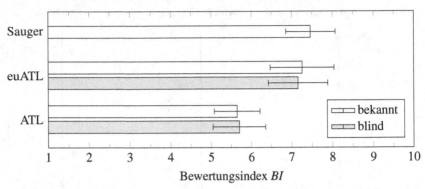

Abbildung 5.7: Mittlere Fahrbarkeitsbewertungen im Stuttgarter Fahrsimulator für positive Lastsprünge bei 1500 U/min im 2. Gang

„müssen". Dies unterstreicht nochmals den Nutzen der entwickelten Methodik, da Blindversuche im Simulator ohne technischen Mehraufwand möglich sind.

Den subjektiven Konzeptvergleich führt der Sauger mit einem Bewertungsindex von 7,5 an, dicht gefolgt vom euATL mit 7,3 (blind 7,1) und mit größerem Abstand vom ATL mit 5,6 (blind 5,7). Der euATL erzielt beinahe so gute Subjektivbeurteilungen wie der Sauger und weist gleichzeitig die besten Fahrleistungs- und Verbrauchswerte auf. In der Gesamtschau erscheint er somit am sinnvollsten. Das verdeutlicht den Vorteil eines ganzheitlichen Ansatzes, da ein Konzeptvergleich rein auf Grundlage der etablierten Bewertungsgrößen Fahrleistung und Verbrauch die Mehrkosten des euATL-Systems gegenüber dem ATL schwer hätte rechtfertigen können in Anbetracht der fast gleichen Prognosewerte in diesen beiden Disziplinen. Dies hätte dem ATL beste Chancen eingeräumt. Die Berücksichtigung der Fahrbarkeit und die subjektive Absicherung im Simulator führt mit dem euATL hingegen zu einem deutlich ausgewogeneren Konzeptentscheid. Emotionale Eigenschaften eines Konzepts können im Fahrsimulator, z. B. von Entscheidungsträgern, unmittelbar erlebt und „erfahren" werden, was zum Markenkern passende Konzeptbeschlüsse und stimmigere Gesamtprodukte fördert.

6 Schlussfolgerungen

6.1 Zusammenfassung der Ergebnisse

In dieser Arbeit wurde ein Simulationsframework entwickelt, das neben einer objektiven Konzeptbewertung hinsichtlich Verbrauch und Fahrleistung auch eine subjektive Bewertung der Fahrbarkeit in Fahrsimulatoren ermöglicht.

Hierfür wurde eine modulare Simulationsumgebung in Matlab/Simulink aufgebaut einschließlich eines echtzeitfähigen Gesamtfahrzeugmodells sowie der enthaltenen Komponentenmodelle, Funktionsumfänge, Bibliotheksstrukturen, Abläufe und grafischen Benutzeroberflächen. Die vom Baukastenprinzip angeregte Modellarchitektur ermöglicht automatisierbare Variationen von Parametern, Komponenten und Topologiekonfigurationen. Mithilfe der entworfenen „Maximaltopologie" können mit nur einem einzigen Gesamtfahrzeugmodell verschiedenste konventionelle und elektrische Fahrzeuge sowie parallele, serielle und kombinierte Hybride abgebildet werden. Das minimiert Modellredundanzen und damit den Modellpflege- und Verwaltungsaufwand. Die Modellierung beschränkte sich dabei auf die Abbildung rein längsdynamischer Manöver, da diese bei der Triebstrangauslegung im Fokus stehen. Die Modellvalidierung erfolgte anhand von Referenzsimulationen mit AVL Cruise und Messfahrten auf einer Teststrecke hinsichtlich der Zielgrößen Fahrleistung, Verbrauch und Fahrbarkeit.

Anschließend wurde die Simulationsumgebung mit zwei dynamischen Fahrsimulatoren gekoppelt: dem Virtuellen Fahrerplatz 2 (VFP2) mit 6 DoF und dem Stuttgarter Fahrsimulator mit 8 DoF. Es wurde eine Methode zur teilautomatisierten Manöverausführung erarbeitet – einerseits, um das Bewegungspotential der Fahrsimulatoren bestmöglich auszureizen und andererseits, um die Reproduzierbarkeit zu maximieren und die Manöverdurchführung für die Probanden möglichst einfach zu gestalten. Die Darstellung von positiven Lastsprüngen mittels der teilautomatisierten Manöverausführung erfolgt im VFP2 über eine Vorwärtsbewegung mit einer Skalierung von 0,5. Im Stuttgarter Fahrsimulator hingegen beginnt das Manöver aus einer Rückwärtsbewegung heraus, welche für den Fahrer aufgrund einer überlagerten Kompensationsbewegung mittels Tilt-Coordination nicht wahrnehmbar ist. Die Richtungsumkehr des Simulators zum Lastsprungbeginn ermöglicht eine unskalierte Manöverdarstellung aufgrund des sofort anliegenden Tilt-Winkels.

Die Methodik wurde daraufhin in einer Probandenstudie im VFP2 mit 31 Personen erprobt. Hierbei wurde der minimal wahrnehmbare Konzeptunterschied im Fahrsimulator bestimmt. Unter Einsatz der Psi-Methode wurde zum einen die Volllastkennlinie eines Saugmotors und zum anderen der Ladedruckaufbau eines Turbomotors mit euATL variiert. Bei dem betrachteten Fahrzeug und einer Skalierung von 0,5 können die Probanden Unterschiede bei der stationären Volllast von etwa $10\,\mathrm{Nm}$ auflösen bzw. Beschleunigungsunterschiede von 4,25 % bezogen auf den Referenzfall von $1{,}384\,\mathrm{m/s^2}$. Im Hinblick auf den Ladedruckaufbau sind ca. $33\,\mathrm{Nm/s}$ unterscheidbar bzw. 13,89 % bezogen auf einen Beschleunigungsgradienten von $1{,}233\,\mathrm{m/s^3}$. Daraus lässt sich schließen, dass die vorgestellte Methodik für Konzeptvergleiche im Fahrsimulator geeignet ist, da die Konzeptunterschiede in der Fahrzeugentwicklung in der Regel deutlich größer sind.

Allerdings können bei längeren oder dynamischeren Manövern stärkere Skalierungen erforderlich werden. Deswegen wurde in einer weiteren Studie der Skalierungseinfluss auf den minimal wahrnehmbaren Beschleunigungsunterschied untersucht. Hierbei konnte die Gültigkeit des Weberschen Gesetzes in der erweiterten Form bestätigt werden. Damit ergibt sich für die relative Unterschiedsschwelle die Abhängigkeit $k + \frac{a_0}{a}$ mit der Weberkonstanten $k = 2{,}75\,\%$ und der absoluten Wahrnehmungsschwelle $a_0 = 0{,}02\,\mathrm{m/s^2}$. Konzeptänderungen, deren Auswirkungen unterhalb der Unterschiedsschwelle bleiben, sind für die Kunden nicht direkt wahrnehmbar. Da mit sinkenden Referenzbeschleunigungen a die relative Unterschiedsschwelle jedoch stark ansteigt, muss für einen Ergebnistransfer aus skalierten Simulatorstudien hin zu Realbedingungen die obige Beziehung beachtet werden.

Für überschwellige Konzeptunterschiede wurden in einer weiteren Simulatorstudie Fahrbarkeitsbewertungen gemäß der ATZ-Skala durchgeführt. Dabei wurden ein Saug-, euATL- und ATL-Motor untersucht. Die Fahrbarkeitsbewertungen zeigen eine stark lineare Abhängigkeit hinsichtlich der variierten

Sauger-Volllast und des Ladedruckaufbaus. Würde man die Stevenssche Potenzfunktion heranziehen, läge der rezeptorspezifische Exponent β somit in einem plausiblen Bereich von etwa 1. Dabei wirken sich Änderungen an der Sauger-Volllast stärker auf die Fahrbarkeitsbewertungen aus als ein veränderter Ladedruckaufbau. Das lässt sich darauf zurückführen, dass der JND der Beschleunigung niedriger ist als der des Beschleunigungsgradienten. Technische Maßnahmen, die die Beschleunigungshöhe adressieren, sind somit aus Fahrbarkeitssicht wirksamer.

Auch im Hinblick auf Fahrbarkeitsbewertungen wurden die Auswirkungen von Skalierung untersucht. Als Ergebnis kann hier die Empfehlung abgegeben werden, nach Möglichkeit Relativbewertungen im Fahrsimulator vorzunehmen, da sie praktisch unabhängig von der Skalierung sind.

Zur Validierung der Methodik wurde eine 7 Personen umfassende Expertenstudie durchgeführt, bei der Versuchsergebnisse aus dem VFP2 und dem Stuttgarter Fahrsimulator mit realen Versuchsfahrten verglichen werden. Zunächst wurde die Unterscheidbarkeit von Triebstrangkonzepten untersucht, indem die Erkennungsrate der euATL-Funktion bei verschiedenen Drehzahlen ermittelt wurde. Hierbei konnte die bereits zuvor gewonnene Erkenntnis, dass sich die Differenzierungsfähigkeit bei Relativvergleichen durch Skalierung verringert, bestätigt werden. So ist die Erkennungsrate im VFP2 geringer als im Stuttgarter Fahrsimulator, wo die Manöver unskaliert darstellbar sind. Bemerkenswert ist allerdings, dass die Testpersonen Konzeptunterschiede im Stuttgarter Fahrsimulator sogar besser auflösen können als in Realität, was auf die höhere Reproduzierbarkeit im Simulatorumfeld zurückzuführen ist.

Anschließend wurden relative Fahrbarkeitsbewertungen im VFP2, Stuttgarter Fahrsimulator und in Realität für das Sauger-, euATL- und ATL-Konzept vorgenommen. Die Bewertungen stimmten in den drei Umgebungen sehr gut miteinander überein. Folglich kann relative Validität für die entwickelte Methodik angenommen werden. Darüber hinaus wurden auch Blindversuche durchgeführt, bei denen die Testpersonen nicht wussten, welches Konzept sie bewerteten. Hierbei konnte ein statistisch signifikanter Einfluss von psychologischen Effekten auf die Fahrbarkeitsbewertungen nachgewiesen werden. Dies verdeutlicht einen weiteren Vorteil von Fahrsimulatoren, da sie im Gegensatz zu realen Prototypen ohne zusätzlichen Aufwand Blindversuche ermöglichen.

Auch eine abschließende allgemeine Befragung der Experten zeigte, dass der angestrebte Nutzerkreis Fahrbarkeitsbewertungen in Fahrsimulatoren als realitätsnah und sinnvoll ansieht.

Aufbauend auf der Datenbasis der Probandenstudien wurde ein Objektivierungsansatz vorgestellt. Als Objektivierungskenngröße wird der Geschwindigkeitszuwachs während eines positiven Lastsprungs herangezogen, weil er einen guten linearen Zusammenhang zu den relativen Fahrbarkeitsbewertungen aufweist – ohne eine Abhängigkeit von der Form des Beschleunigungsverlaufs. Damit lassen sich eine automatisierte Vorauswahl der vielversprechendsten Varianten treffen und der Testing-Aufwand im Fahrsimulator minimieren.

Schließlich wurden die Erkenntnisse zu einem ganzheitlichen Bewertungsprozess zusammengefügt und ins V-Modell eingeordnet. Da hierfür nur *ein* Gesamtfahrzeugmodell erforderlich ist, ergibt sich gegenüber Insellösungen der Vorteil, dass Inkonsistenzen und zusätzlicher Aufwand beim Ergebnisübertrag verhindert werden. Dem Autor ist solch ein Simulationsframework, das im Fahrsimulator eine kombinierte Konzeptbewertung hinsichtlich Fahrleistung, Verbrauch und Fahrbarkeit ermöglicht, nicht bekannt. Diese integrierte Lösung, die auch verschiedenste Antriebstopologien abzubilden vermag, stellt eine Erweiterung des Stands der Technik dar. Durch die Hinzunahme der subjektiven Bewertungsdimension in die Konzeptphase trägt sie zur Reifegraderhöhung und zum Frontloading bei.

6.2 Ausblick

Das in dieser Arbeit vorgestellte Simulationsframework ist bei der Porsche AG im Einsatz und wird aktuell unter dem Namen Lemasim (**L**ängsdynamik-**E**nergie**ma**nagement-**Sim**ulation) weiterentwickelt.

Zukünftige Untersuchungen im Fahrsimulator sollten die Erprobung weiterer Anwendungsfälle, z. B. die Bewertung von Anfahrvorgängen oder elektrischen Fahrzuständen, zum Ziel haben. Ebenso wäre die Erprobung von automatisierten/autonomen Fahrfunktionen und der mit ihnen verbundenen Möglichkeiten zur fahrbarkeitsbezogenen Markendifferenzierung und zu Verbrauchseinsparungen sinnvoll.

Eine sehr vielversprechende Möglichkeit zur Weiterentwicklung könnte zudem eine SiL (Software in the Loop)-Kopplung darstellen. Durch die Einbindung von Steuergeräte-Code könnten die Auswirkungen von applikativen Maßnahmen auf den Verbrauch, die Fahrleistung und Fahrbarkeit genauer prognostiziert werden, da die aktuell im Simulationsframework umgesetzten Regelalgorithmen diese nur vereinfacht nachbilden. Außerdem könnte die SiL-Kopplung eine virtuelle Vorapplikation im Fahrsimulator ermöglichen, wodurch sich weitere Frontloading-Potentiale heben ließen.

Literaturverzeichnis

[1] AIGNER, Jürgen: Zur zuverlässigen Beurteilung von Fahrzeugen. In: *ATZ Automobiltechnische Zeitschrift* (1982), Nr. 84, S. 447–450

[2] ALBRECHT, Marc: *Modellierung der Komfortbeurteilung aus Kundensicht am Beispiel des automatisierten Anfahrens*, Karlsruher Institut für Technologie, Dissertation, 2005

[3] ALTMAN, Yair: *Customizing uitree*. August 2010. – URL https://undocumentedmatlab.com/articles/customizing-uitree. – abgerufen am 6. Oktober 2020

[4] AUDI AG: *Finanzbericht 2019*. März 2020. – URL https://www.audi.com/de/company/investor-relations/reports-and-key-figures/annual-reports.html. – abgerufen am 6. Oktober 2020

[5] AVL LIST GMBH: *AVL-Drive: Function Description*. Rev. 09. Graz, Österreich, Dezember 2008. – Software Version 3.1.0

[6] BABIEL, Gerhard: *Elektrische Antriebe in der Fahrzeugtechnik*. Vieweg Teubner, 2009 (2). – ISBN 978-3-8348-0563-8

[7] BASLER, Alexander: *Eine modulare Funktionsarchitektur zur Umsetzung einer gesamtheitlichen Betriebsstrategie für Elektrofahrzeuge*, Karlsruher Institut für Technologie, Dissertation, Mai 2015

[8] BAUMANN, Gerd; RUMBOLZ, Philip; PITZ, Jürgen; REUSS, Hans-Christian: Virtuelle Fahrversuche im neuen Stuttgarter Fahrsimulator. In: *5. IAV-Tagung: Simulation und Test für die Automobilelektronik*. Berlin, 2012

[9] BAUMGARTNER, Edwin; RONELLENFITSCH, Andreas; REUSS, Hans-Christian; SCHRAMM, Dieter: Perception-based powertrain design using a dynamic driving simulator. In: *Proceedings of the Driving Simulation Conference (DSC)*. Stuttgart, September 2017, S. 25–26

© Der/die Herausgeber bzw. der/die Autor(en), exklusiv lizenziert durch
Springer Fachmedien Wiesbaden GmbH, ein Teil von Springer Nature 2021
E. Baumgartner, *Frontloading durch Fahrbarkeitsbewertungen in Fahrsimulatoren*, Wissenschaftliche Reihe Fahrzeugtechnik
Universität Stuttgart, https://doi.org/10.1007/978-3-658-36308-6

[10] BAUMGARTNER, Edwin; RONELLENFITSCH, Andreas; REUSS, Hans-Christian; SCHRAMM, Dieter: The influence of motion scaling on the driver's discrimination of longitudinal acceleration. In: *Proceedings of the Driving Simulation Conference (DSC)*. Antibes, September 2018, S. 177–178

[11] BAUMGARTNER, Edwin; RONELLENFITSCH, Andreas; REUSS, Hans-Christian; SCHRAMM, Dieter: A perceptual approach for evaluating vehicle drivability in a dynamic driving simulator. In: *Journal of Transportation Research Part F: Traffic Psychology and Behaviour* 63 (2019), Mai, S. 83–92. – ISSN 1369-8478

[12] BAUMGARTNER, Edwin; RONELLENFITSCH, Andreas; REUSS, Hans-Christian; SCHRAMM, Dieter: Using a dynamic driving simulator for perception-based powertrain development. In: *Journal of Transportation Research Part F: Traffic Psychology and Behaviour* 61 (2019), Februar, S. 281–290. – ISSN 1369-8478

[13] BECKER, Philipp: *Weiterentwicklung eines Antriebsmanagementsystems für modulare Gesamtfahrzeugmodelle*, Universität Stuttgart, Studienarbeit, Juli 2017. – Betreuer: Baumgartner, Edwin

[14] BECKER-CARUS, Christian; WENDT, Mike: Wahrnehmung. In: *Allgemeine Psychologie*. Springer Berlin Heidelberg, 2017, S. 73–156

[15] BENSON, Alan J.; HUTT, Ella; BROWN, Stephen F.: Thresholds for the perception of whole body angular movement about a vertical axis. In: *Aviation, Space and Environmental Medicine* 60 (1989), S. 205–13

[16] BERGER, Daniel R.; SCHULTE-PELKUM, Jörg; BÜLTHOFF, Heinrich H.: Simulating believable forward accelerations on a Stewart motion platform. In: *Technical Report No. 159*. Max-Planck-Institut für biologische Kybernetik, Februar 2007

[17] BERNHARD, Rainer; KREMS, Ingo: Virtueller Fahrerplatz. In: *Porsche Engineering Magazin* 2 (2016), S. 30–35

[18] BMW AG: *Geschäftsbericht 2019*. März 2020. – URL www.bmwgroup.com/content/dam/grpw/websites/bmwgroup_

`com/ir/downloads/de/2020/hautversammlung/BMW-Group-Geschaeftsbericht-2019.pdf.` – abgerufen am 6. Oktober 2020

[19] BOER, Erwin R.; KUGE, Nobuyuki; YAMAMURA, Tomohiro: Affording realistic stopping behavior: A cardinal challenge for driving simulators. In: *Proceedings of 1st Human-Centered Transportation Simulation Conference*. Iowa City, November 2001

[20] BORTZ, Jürgen; SCHUSTER, Christof: *Statistik für Human- und Sozialwissenschaftler*. Bd. 7. Springer Berlin Heidelberg, 2010

[21] BOSCH REXROTH B.V.: *8 DoF Motion System - System Description*. Mai 2010

[22] BRAESS, Hans-Hermann (Hrsg.); SEIFFERT, Ulrich (Hrsg.): *Vieweg Handbuch Kraftfahrzeugtechnik*. 7. Springer Fachmedien Wiesbaden, 2013

[23] BREMS, Willibald: *Querdynamische Eigenschaftsbewertung in einem Fahrsimulator*. Springer Fachmedien Wiesbaden, 2018

[24] BREMS, Willibald; DOORNIK, Jelle van; VRIES, Edwin de; WIEDEMANN, Jochen: Frequency response and latency analysis of a driving simulator for chassis development and vehicle dynamics evaluation. In: *Proceedings of the Driving Simulation Conference DSC Europe* Driving Simulation Association (Veranst.), September 2015, S. 109–116

[25] BREMS, Willibald; UHLMANN, Richard; WAGNER, Andreas; WIEDEMANN, Jochen: Evaluation of Chassis Setups Using a Dynamic Driving Simulator. In: *Proceedings of the Driving Simulation Conference DSC Europe*. Paris, September 2016, S. 85–92

[26] BREUER, Jörg: Beurteilung des Fahrverhaltens im Fahrsimulator der DaimlerChrysler AG und in realen Fahrzeugen. In: *Subjektive Fahreindrücke sichtbar machen: Korrelation zwischen CAE-Berechnung, Versuch und Messung von Versuchsfahrzeugen und -komponenten*. Expert Verlag, 2000, S. 43–53

[27] BRYCHTA, Peter: *Technische Simulation*. Würzburg: Vogel Verlag, 2004. – ISBN 3802319710

[28] BUBB, Heiner: Wie viele Probanden braucht man für allgemeine Erkenntnisse aus Fahrversuchen? In: LANDAU, K. (Hrsg.); WINNER, H. (Hrsg.): *Fahrversuche mit Probanden - Nutzwert und Risiko.* Darmstädter Kolloquium Mensch & Fahrzeug, April 2003 (Fortschritt-Berichte VDI Reihe 12), S. 26–39. – ISBN 3-18-355712-6

[29] BUECHERL, Dominik; BERTRAM, Christiane; THANHEISER, Andreas; HERZOG, Hans-Georg: Scalability as a degree of freedom in electric drive train simulation. In: *2010 IEEE Vehicle Power and Propulsion Conference (VPPC)*, IEEE, September 2010

[30] BUECHERL, Dominik; HERZOG, Hans-Georg: Scalability – An approach for simulation and optimization of vehicular electric drives. In: *VDE-Kongress 2010 Leipzig*, VDE-Verlag, November 2010. – ISBN 9783800733040

[31] CAPUSTIAC, Nona A.: *Development and application of smart actuation methods for vehicle simulators*, Universität Duisburg-Essen, Dissertation, September 2011

[32] CHAPRON, Thomas; COLINOT, Jean-Pierre: The New PSA Peugeot-Citroen Advanced Driving Simulator Overall Design and Motion Cue Algorithm. In: *Proceedings of the Driving Simulation Conference DSC North America.* Iowa City, September 2007

[33] CHEN, David: *Subjective And Objective Vehicle Handling Behaviour*, University of Leeds, Dissertation, September 1997

[34] CHIEW, Yeong S.; JALIL, M. Kasim A.; HUSSEIN, Mohamed: Motion cues visualisation of a motion base for driving simulator. In: *Proceedings of the 2008 IEEE International Conference on Robotics and Biomimetics.* Bangkok: IEEE, Februar 2009, S. 1497–1502

[35] CZAPNIK, Bartosch; SARIOGLU, Ismail L.; SCHRÖDER, Hendrik; KÜÇÜKAY, Ferit: Conceptual design of battery electric vehicle powertrains. In: *International Journal of Vehicle Design* 67 (2015), Nr. 2, S. 137–156

[36] DAGDELEN, Mehmet; REYMOND, Gilles; KEMENY, Andras; BORDIER, Marc; MAÏZI, Nadia: Model-based predictive motion cueing strategy for vehicle driving simulators. In: *Control Engineering Practice* 17 (2009), September, Nr. 9, S. 995–1003

[37] DAIMLER AG: *Geschäftsbericht 2019*. 2020. – URL www.daimler. com/dokumente/investoren/berichte/geschaeftsberichte/ daimler/daimler-ir-geschaeftsbericht-2019-inkl- zusammengefasster-lagebericht-daimler-ag.pdf. – abgerufen am 6. Oktober 2020

[38] DAVIES, Peter; BONTEMPS, Nathaniel; TIETZE, Torsten; FAULSEIT, Eike T.: Elektrisch unterstützte Turboauladung – Schlüsseltechnologie für hybridisierte Antriebsstränge. In: *MTZ - Motortechnische Zeitschrift* 80 (2019), September, Nr. 10, S. 30–39

[39] DEUTSCHER NORMENAUSSCHUSS (Hrsg.): *DIN 44300. Informationsverarbeitung - Begriffe*. Berlin: Beuth Verlag, 1988

[40] DEUTSCHER NORMENAUSSCHUSS (Hrsg.): *DIN 70020-3. Straßenfahrzeuge - Kraftfahrzeugbau - Teil 3: Prüfbedingungen, Höchstgeschwindigkeit, Beschleunigung und Elastizität, Masse, Begriffe, Verschiedenes*. Berlin: Beuth Verlag, 2008

[41] DOORNIK, Jelle van; BREMS, Willibald; VRIES, Edwin de; WIEDEMANN, Jochen: Implementing prediction algorithms to synchronize and minimize latency on a driving simulator. In: *Proceedings of the Driving Simulation Conference DSC Europe* Driving Simulation Association (Veranst.), September 2016, S. 51–59

[42] DUESMANN, Markus: Rightsizing ist mehr als Downsizing. In: *MTZ - Motortechnische Zeitschrift* 74 (2013), Januar, Nr. 2, S. 176–176

[43] DYLLA, Simon: *Entwicklung einer Methode zur Objektivierung der subjektiv erlebten Schaltbetätigungsqualität von Fahrzeugen mit manuellem Schaltgetriebe*, Karlsruher Institut für Technologie, Dissertation, Dezember 2009

[44] E2M TECHNOLOGIES B.V.: *Technical Specification of the eMove eM6-640-1800*. September 2015. – URL www.e2mtechnologies.eu/wp-content/uploads/2016/02/eM6-640-1800-PSS-i02.pdf. – abgerufen am 6. Oktober 2020

[45] EBBESEN, Soren; ELBERT, Philipp; GUZZELLA, Lino: Engine Downsizing and Electric Hybridization Under Consideration of Cost and Drivability. In: *Oil & Gas Science and Technology – Revue d'IFP Energies nouvelles* 68 (2013), Nr. 1, S. 109–116

[46] EBEL, André; BAUMGARTNER, Edwin; ORNER, Markus; REUSS, Hans-Christian: Bewertung simulativ ausgelegter Antriebsstränge am Stuttgarter Fahrsimulator. In: *MTZ extra* 22 (2017), August, S. 40–43

[47] EHRENSTEIN, Walter H.; EHRENSTEIN, Addie: Psychophysical Methods. In: WINDHORST, Uwe (Hrsg.); JOHANSSON, Håkan (Hrsg.): *Modern Techniques in Neuroscience Research*. Springer-Verlag, 1999, S. 1211–1241

[48] ERLER, Philipp; MENIG, Angela; UPHAUS, Frank; MAKOSI, Christoph Andre M.; RINDERKNECHT, Stephan; VOGT, Joachim: Investigating the perception of powertrain shuffle with a longitudinal dynamic driving simulator. In: *2018 IEEE/ASME International Conference on Advanced Intelligent Mechatronics (AIM)*, IEEE, Juli 2018, S. 1427–1431

[49] ESSEN, Carsten von: Typgenehmigung. In: *Elektrifizierung des Antriebsstrangs*. Springer-Verlag, 2019, S. 299–306

[50] FAERBER, Simone C.: *Methodenentwicklung zur simulativen Bewertung der Betriebsstrategie-abhängigen Performance von Elektrofahrzeugen im Rundstreckenbetrieb*, Universität Stuttgart, Masterarbeit, Dezember 2016. – Betreuer: Basler, Alexander (Porsche AG) und Baumgartner, Edwin

[51] FARSHIDIANFAR, Anoshirvan; EBRAHIMI, M.: Optimization of vehicle driveline vibrations using genetic algorithm (GA). In: *SAE Transactions* 110 (2001), S. 1817–1830

[52] FECHNER, Gustav T.: *Elemente der Psychophysik*. Druck und Verlag von Breitkopf und Härtel, 1860

[53] FISCHER, Martin: *Motion-Cueing-Algorithmen für eine realitätsnahe Bewegungssimulation*, Technische Universität Braunschweig, Dissertation, 2009

[54] FKFS: *Stuttgarter Fahrsimulator*. 2019. – URL https://www.fkfs. de/pruefeinrichtungen/fahrsimulatoren/stuttgarter-fahrsimulator. – abgerufen am 29.10.2019

[55] FORSTER, Yannick; PARADIES, Svenja; BEE, Nikolaus: The third dimension: Stereoscopic displaying in a fully immersive driving simulator. In: *Proceedings of the Driving Simulation Conference DSC Europe*. Tübingen, September 2015, S. 25–32

[56] FRECH, Rolf: *Grundsätze der Pkw-Entwicklung I*. Karlsruher Institut für Technologie. 2019. – Vorlesungsunterlagen

[57] FRIDRICH, Alexander; NGUYEN, Minh-Tri; JANEBA, Anton; KRANTZ, Werner; NEUBECK, Jens; WIEDEMANN, Jochen: Subjective testing of a torque vectoring approach based on driving characteristics in the driving simulator. In: *Proceedings of the 8th International Munich Chassis Symposium*, Springer-Vieweg, 2017, S. 271–287

[58] FRINGS, Stephan; MÜLLER, Frank: *Biologie der Sinne*. Springer Berlin Heidelberg, November 2014

[59] FU, Xiaoling; ZHANG, Qi; TANG, Jiyun; WANG, Chao: Parameter Matching Optimization of a Powertrain System of Hybrid Electric Vehicles Based on Multi-Objective Optimization. In: *Electronics* 8 (2019), August, Nr. 8, S. 875

[60] GARCIA-PEREZ, Miguel A.: Forced-choice staircases with fixed step sizes: asymptotic and small-sample properties. In: *Vision Research* 38 (1998), Juni, Nr. 12, S. 1861–1881

[61] GESCHEIDER, George A.: Psychophysical Scaling. In: *Annual Review of Psychology* 39 (1988), Januar, Nr. 1, S. 169–200

[62] GESCHEIDER, George A.: *Psychophysics*. 3. Lawrence Erlbaum Associates, 1997

[63] GIANNA, C.; HEIMBRAND, S.; GRESTY, M.: Thresholds for detection of motion direction during passive lateral whole-body acceleration in normal subjects and patients with bilateral loss of labyrinthine function. In: *Brain Research Bulletin* 40 (1996), Januar, Nr. 5-6, S. 443–447

[64] GÓMEZ, Gaspar G.: *Towards efficient vehicle dynamics evaluation using correlations of objective metrics and subjective assessments*, KTH Royal Institute of Technology, Dissertation, 2015

[65] GÓMEZ, Gaspar G.; EURENIUS, Andersson; CORTINAS, Donnay; BAKKER, E.; NYBACKA, M.; DRUGGE, L.; JACOBSON, B.: *Advanced Vehicle Control*. Kap. Validation of a moving base driving simulator for subjective assessments of steering feel and handling, S. 431–436, Taylor & Francis Ltd, 2016. – ISBN 1138029920

[66] GÓMEZ, Gaspar G.; NYBACKA, Mikael; BAKKER, Egbert; DRUGGE, Lars: Findings from subjective evaluations and driver ratings of vehicle dynamics: steering and handling. In: *Vehicle System Dynamics* 53 (2015), Juni, Nr. 10, S. 1416–1438

[67] GRANT, Peter R.: *The development of a tuning paradigm for flight simulator motion drive algorithms*, University of Toronto, phdthesis, 1996

[68] GRANT, Peter R.; BLOMMER, Mike; CATHEY, Larry; ARTZ, Bruce; GREENBERG, Jeff: Analyzing classes of motion drive algorithms based on paired comparison techniques. In: *Proceedings of the Driving Simulation Conference DSC North America*. Dearborn, Michigan, Oktober 2003

[69] GRAVITOM: *Do you want to experience the real forces of an F1 car without the car?* November 2013. – URL www.nerdstalker.com/2013/11/do-you-want-to-experience-real-forces.html. – abgerufen am 28.10.2019

[70] GREIG, Glenn L.: Masking of motion cues by random motion: comparison of human performance with a signal detection model / UTIAS. 1988 (Report 313). – Forschungsbericht

[71] GRÜNDER, Stefan: Somatosensorik. In: *Taschenlehrbuch Physiologie*. Georg Thieme Verlag, 2010, S. 630–654

[72] GUNDRY, A. J.: Thresholds of perception for periodic linear motion. In: *Aviation, Space, and Environmental Medicine* (1978), Nr. 49, S. 679–686

[73] GUTJAHR, David: *Objektive Bewertung querdynamischer Reifeneigenschaften im Gesamtfahrzeugversuch*, Karlsruher Institut für Technologie, Dissertation, 2013

[74] HABERFELLNER, Reinhard; WECK, Olivier de; FRICKE, Ernst; VÖSSNER, Siegfried: *Systems Engineering*. Springer International Publishing, 2019

[75] HAGERODT, Arnd: *Automatisierte Optimierung des Schaltkomforts von Automatikgetrieben.* Aachen: Shaker-Verlag, 2003. – ISBN 3832216421

[76] HAHN, Janna: *Eigenschaftsbasierte Fahrzeugkonzeption*, Otto-von-Guericke-Universität Magdeburg, Dissertation, 2017

[77] HANDWERKER, Hermann O.: Allgemeine Sinnesphysiologie. In: SCHMIDT, Robert F. (Hrsg.); SCHAIBLE, Hans-Georg (Hrsg.): *Neuro- und Sinnesphysiologie*. 5. Springer-Verlag, 2006, S. 182–202

[78] HANDWERKER, Hermann O.: Somatosensorik. In: SCHMIDT, Robert F. (Hrsg.); SCHAIBLE, Hans-Georg (Hrsg.): *Neuro- und Sinnesphysiologie*. 5. Springer-Verlag, 2006, S. 203–228

[79] HATTORI, Yoshikazu; KOIBUCHI, Ken; YOKOYAMA, Tatsuaki: Moment Control with Nonlinear Optimum Distribution for Vehicle Dynamics. In: *Proceedings of the 6th International Symposium on Advanced Vehicle Control* (2002)

[80] HATZFELD, Christian: *Experimentelle Analyse der menschlichen Kraftwahrnehmung als ingenieurtechnische Entwurfsgrundlage für haptische Systeme*, Technische Universität Darmstadt, Dissertation, Mai 2013

[81] HECKELMANN, Jürgen; ECKERT, Michael: Simulations- und versuchsgestützte Methodik zur Auslegung des Gesamtfahrzeuges hinsichtlich

Performance und Verbrauch. In: *14. MTZ-Fachtagung VPC-Virtual Powertrain Creation* Bd. 74, 2013, S. 5–19

[82] HEERSPINK, Harm M.; BERKOUWER, Walter R.; STROOSMA, Olaf; PAASSEN, René van; MULDER, Max; MULDER, Bob: Evaluation of Vestibular Thresholds for Motion Detection in the SIMONA Research Simulator. In: *AIAA Modeling and Simulation Technologies Conference and Exhibit*, American Institute of Aeronautics and Astronautics, August 2005

[83] HEIDERICH, Martin; FRIEDRICH, Timo; NGUYEN, Minh-Tri: New approach for improvementof the vehicle performance by usinga simulation-based optimizationand evaluation method. In: *7th International Munich Chassis Symposium*. München: ATZ, 2016, S. 279–293

[84] HEISSING, Bernd; BRANDL, Hans J.: *Subjektive Beurteilung des Fahrverhaltens*. 1. Würzburg: Vogel, 2002. – ISBN 3802319036

[85] HJORT, Matthias; KHARRAZI, S.; ERIKSSON, O.; HJÄLMDAHL, M.; HULTGREN, J. A.: Validating on-the-limit properties of a driving simulator. In: *Proceedings of the Driving Simulation Conference DSC Europe*. Paris, September 2014

[86] HJORT, Mattias; KHARRAZI, Sogol; ERIKSSON, Olle; NAMN, Magnus H.: *Limit handling in a driving simulator*. Swedish National Road and Transport Research Institute (VTI), 2015 (VTI rapport 861A)

[87] HÜLSMANN, Arthur: *Methodenentwicklung zur virtuellen Auslegung von Lastwechselphänomenen in Pkw*, Technische Universität München, Dissertation, September 2007

[88] HOLJEVAC, Nikola; CHELI, Federico; GOBBI, Massimiliano: A simulation-based concept design approach for combustion engine and battery electric vehicles. In: *Proceedings of the Institution of Mechanical Engineers, Part D: Journal of Automobile Engineering* 233 (2019), Juni, Nr. 7, S. 1950–1967

[89] HOLJEVAC, Nikola; CHELI, Federico; GOBBI, Massimiliano: Multi-objective vehicle optimization: Comparison of combustion engine, hybrid

and electric powertrains. In: *Proceedings of the Institution of Mechanical Engineers, Part D: Journal of Automobile Engineering* 234 (2020), Februar, Nr. 2-3, S. 469–487

[90] HORN, Berthold K. P.; SCHUNCK, Brian G.: Determining Optical Flow. In: *Artificial Intelligence* 17 (1981), S. 185–203

[91] HUARD, Eveline-Johanna: *Kundenorientierte Objektivierung des Schaltkomforts zur Anwendung in der Simulation.* Aachen: Shaker Verlag, 2009. – ISBN 9783832280017

[92] INTERNATIONAL ORGANIZATION FOR STANDARDIZATION (Hrsg.): *ISO 1585:1992-11. Straßenfahrzeuge – Verfahren zur Ermittlung der Nettoleistung von Motoren.* November 1992

[93] ISA, Isa Yassir Arafat M.; ABIDIN, Mohd Azman Z.; MANSOR, Shuhaimi: Objective Driveability: Integration of Vehicle Behavior and Subjective Feeling into Objective Assessments. In: *Journal of Mechanical Engineering and Sciences (JMES)* 6 (2014), Januar, S. 782–792

[94] ISERMANN, Rolf (Hrsg.): *Fahrdynamik-Regelung: Modellbildung, Fahrerassistenzsysteme, Mechatronik.* Vieweg, 2006

[95] JAMSON, Hamish: Cross-Platform Validation Issues. In: FISHER, Donald L. (Hrsg.); RIZZO, Matthew (Hrsg.); CAIRD, Jeffrey (Hrsg.); LEE, John D. (Hrsg.): *Handbook of Driving Simulation for Engineering, Medicine, and Psychology.* CRC Press, April 2017

[96] JOBST, David: *Ermittlung eines optimalen Sportwagen-Hybrid im Spannungsfeld von Rennstreckenperformance und Umweltverträglichkeit (CO2-Emission)*, Technische Universität Braunschweig, Dissertation, 2014

[97] JOHNEN, Thomas: „Rightsizing" — Strategie im Kundeninteresse. In: *MTZ - Motortechnische Zeitschrift* 77 (2016), April, Nr. 6, S. 102–102

[98] JOHNSON, David M.: Introduction to and Review of Simulator Sickness Research / U.S. Army Research Institute for the Behavioral and Social Sciences. April 2005 (Research Report 1832). – Forschungsbericht

[99] KAERNBACH, Christian: Simple adaptive testing with the weighted up-
      down method. In: *Perception & Psychophysics* 49 (1991), Mai, Nr. 3,
      S. 227–229

[100] KANYA, Thomas: *Fahrbarkeitsbewertung von Fahrzeugkonzepten mit-
      hilfe dynamischer Fahrsimulatoren*, Universität Stuttgart, Studienarbeit,
      Mai 2016. – Betreuer: Baumgartner, Edwin

[101] KENNEDY, Robert S.; LANE, Norman E.; BERBAUM, Kevin S.; LILI-
      ENTHAL, Michael G.: Simulator Sickness Questionnaire: An Enhanced
      Method for Quantifying Simulator Sickness. In: *The International Jour-
      nal of Aviation Psychology* 3 (1993), Juli, Nr. 3, S. 203–220

[102] KINGDOM, Frederick A. A.; PRINS, Nicolaas: *Psychophysics*. Acade-
      mic Press, 2010

[103] KINGMA, H.: Thresholds for perception of direction of linear accelera-
      tion as a possible evaluation of the otolith function. In: *BMC Ear, Nose
      and Throat Disorders* 5 (2005), Juni, Nr. 1

[104] KLEIN, Stanley A.: Measuring, estimating, and understanding the psy-
      chometric function: A commentary. In: *Perception & Psychophysics* 63
      (2001), November, Nr. 8, S. 1421–1455

[105] KOCH, Tilo: *Untersuchungen zum Lenkgefühl von Steer-by-Wire Lenk-
      systemen*, Technische Universität München, Dissertation, August 2010

[106] KONTSEVICH, Leonid L.; TYLER, Christopher W.: Bayesian adaptive
      estimation of psychometric slope and threshold. In: *Vision Research* 39
      (1999), August, Nr. 16, S. 2729–2737

[107] KRAFT, Christian: *Gezielte Variation und Analyse des Fahrverhal-
      tens von Kraftfahrzeugen mittels elektrischer Linearaktuatoren im Fahr-
      werksbereich*, Karlsruher Institut für Technologie, Dissertation, 2011

[108] KRANTZ, Werner; PITZ, Jürgen; STOLL, Daniel; NGUYEN, Minh-Tri:
      Simulation des Fahrens unter instationärem Seitenwind. In: *ATZ* 116
      (2014), Februar, Nr. 2, S. 64–68

[109] KRAUSZ, Mark: *Methode zur Abschätzung der Ergebnisqualität von modularen Gesamtfahrzeugsimulationsmodellen*. Springer Fachmedien Wiesbaden, 2017

[110] KRÜGER, Hans-Peter; NEUKUM, Alexandra: Bewertung von Handlingeigenschaften — zur methodischen und inhaltlichen Kritik des korrelativen Forschungsansatzes. In: *Kraftfahrzeugführung*. Thomas Jürgensohn and Klaus-Peter Timpe. Springer Berlin Heidelberg, 2001, S. 245–262

[111] KUNCZ, Daniel: *Schaltzeitverkürzung im schweren Nutzfahrzeug mittels Synchronisation durch eine induzierte Antriebsstrangschwingung*. Springer Fachmedien Wiesbaden, 2017

[112] KUSACHOV, Artem; BRUZELIUS, Fredrik; HJORT, Mattias: Perception of Tire Characteristics in a Motion Base Driving Simulator. In: *Proceedings of the Driving Simulation Conference DSC Europe*. Paris, September 2016, S. 99–108

[113] LADWIG, Stefan; KÖHLER, Anna-Lena; SCHWALM, Maximilian: Fahrbarkeit in der Kundenanwendung: Ein konzeptueller Ansatz. In: *ATZextra* 23 (2018), März, Nr. S9, S. 34–39

[114] LANGE, Andreas: *Optimierung modularer Elektro- und Hybridantriebe*. Herzogenrath: Shaker Verlag, 2018. – ISBN 9783844062250

[115] LANGERMANN, René: *Beitrag zur durchgängigen Simulationsunterstützung im Entwicklungsprozess von Flugzeugsystemen*, Technische Universität Braunschweig, Dissertation, April 2009

[116] LASCHET, Andreas: *Simulation von Antriebssystemen*. Springer Berlin Heidelberg, 1988

[117] LEMIEUX, Chantal; STINCHCOMBE, Arne; GAGNON, Sylvain; BÉDARD, Michel: Comparison of simulated driving performance across platforms: From 'low-cost desktop' to 'mid-level' driving simulators. In: *Advances in Transportation Studies* 34 (2014), Januar, S. 33–42

[118] LIEBL, Johannes; LEDERER, Matthias; ROHDE-BRANDENBURGER, Klaus; BIERMANN, Jan-Welm; ROTH, Martin; SCHÄFER, Heinz: *Energiemanagement im Kraftfahrzeug*. Springer Fachmedien Wiesbaden, 2014. – ISBN 978-3-658-04450-3

[119] LIEDECKE, Christoph: *Haptische Signale am Fahrerfuß für Aufgaben der Fahrzeugsteuerung*. Springer Fachmedien Wiesbaden, 2016

[120] LINDNER, Alisa Stephanie T.: *Entwicklung und Anwendung eines fahrerorientierten Versuchskonzepts zur subjektiven Bewertung des Lenkgefühls am schweren Nutzfahrzeug*, Technische Universität Darmstadt, Dissertation, April 2017

[121] LUNZE, Jan: *Regelungstechnik 1*. 11. Springer Berlin Heidelberg, 2016

[122] MALLERY, Robert M.; OLOMU, Osarenoma U.; UCHANSKI, Rosalie M.; MILITCHIN, Valentin A.; HULLAR, Timothy E.: Human discrimination of rotational velocities. In: *Experimental Brain Research* 204 (2010), Juni, Nr. 1, S. 11–20

[123] MATTHIES, Felix: *Beitrag zur Modellbildung von Antriebssträngen für Fahrbarkeitsuntersuchungen*. Berlin, Technische Universität Berlin, Dissertation, Mai 2013

[124] MITSCHKE, Manfred; WALLENTOWITZ, Henning: *Dynamik der Kraftfahrzeuge*. 5. Springer Fachmedien Wiesbaden, 2014

[125] MIUNSKE, Tobias; HOLZAPFEL, Christian; BAUMGARTNER, Edwin; REUSS, Hans-Christian: A new Approach for an Adaptive Linear Quadratic Regulated Motion Cueing Algorithm for an 8 DoF Full Motion Driving Simulator. In: *International Conference on Robotics and Automation (ICRA)*, IEEE, Mai 2019, S. 497–503

[126] MIUNSKE, Tobias; HOLZAPFEL, Christian; KEHRER, Martin; BAUMGARTNER, Edwin; REUSS, Hans-Christian: Event Discrete Flatness based Feed-Forward Control for a Full-Motion Driving Simulator based on ADAS Data. In: *Proceedings of the Driving Simulation Conference (DSC)*. Straßburg, September 2019

[127] MÜLLER, Thomas; HAJEK, Hermann; RADIĆ-WEISSENFELD, Ljubi-
ca; BENGLER, Klaus: Can You Feel The Difference? The Just Noticeable Difference of Longitudinal Acceleration. In: *Proceedings of the
Human Factors and Ergonomics Society Annual Meeting* 57 (2013),
September, Nr. 1, S. 1219–1223

[128] MÖLLMANN, Jörg: *Fahrsimulator als Versuchsträger für PKW-
Antriebe*, Technische Universität Braunschweig, Dissertation, März
2011

[129] MOHAJER, Navid; ABDI, Hamid; NELSON, Kyle; NAHAVANDI, Saeid:
Vehicle motion simulators, a key step towards road vehicle dynamics
improvement. In: *Vehicle System Dynamics* 53 (2015), Mai, Nr. 8,
S. 1204–1226

[130] NAHON, MA; REID, LD; KIRDEIKIS, J: Adaptive simulator motion
software with supervisory control. In: *Journal of Guidance, Control,
and Dynamics* 15 (1992), April, Nr. 2, S. 376–383

[131] NASERI, Amir R.; GRANT, Peter R.: Human discrimination of translational accelerations. In: *Experimental Brain Research* 218 (2012),
Februar, Nr. 3, S. 455–464

[132] NEGELE, Hans J.: *Anwendungsgerechte Konzipierung von Fahrsimulatoren für die Fahrzeugentwicklung*, Technische Universität München,
Dissertation, September 2007

[133] NESTI, Alessandro; MASONE, Carlo; BARNETT-COWAN, Michael;
GIORDANO, Paolo R.; BÜLTHOFF, Heinrich H.; PRETTO, Paolo: Roll
rate thresholds and perceived realism in driving simulation. In: *Proceedings of the Driving Simulation Conference DSC Europe*. Paris, September 2012

[134] NEUGÄRTNER, Jörg; SCHOLZ, Alexander; SCHURR, Anton; GÜNTH-
NER, Michael; FLIERL, Rudolf: Load point shifting for Diesel engines
– potentials for passenger car and truck engine applications. In: LIEBL,
Johannes (Hrsg.); BEIDL, Christian (Hrsg.): *Internationaler Motorenkongress*. Springer Fachmedien Wiesbaden, 2017, S. 43–61

[135] NGUYEN, Minh-Tri: *Subjektive Wahrnehmung und Bewertung fahr-bahninduzierter Gier- und Wankbewegungen im virtuellen Fahrversuch.* Springer Fachmedien Wiesbaden, 2020

[136] NUGLISCH, Hans; MAIER, Thomas; MÜLLER, Sandra: Verkehrsemis-sionsgesetzgebungen in der Europäischen Union sowie in Industriena-tionen und Schwellenländern. In: *Zukünftige Kraftstoffe.* Springer-Ver-lag, 2019, S. 3–44

[137] ORNER, Markus: *Nutzungsorientierte Auslegung des Antriebsstrangs und der Reichweite von Elektrofahrzeugen.* Springer Fachmedien Wies-baden, 2018

[138] OSWALD, Mario: CO2-Reduzierung bei unverändertem Fahrspaß. In: *AVL AST Conference Germany,* 2016

[139] OTHAGANONT, Pongpun; ASSADIAN, Francis; AUGER, Daniel J.: Multi-objective optimisation for battery electric vehicle powertrain to-pologies. In: *Proceedings of the Institution of Mechanical Engineers, Part D: Journal of Automobile Engineering* 231 (2017), Juli, Nr. 8, S. 1046–1065

[140] PACEJKA, Hans B.: *Tire and Vehicle Dynamics.* 3. Elsevier, 2012. – ISBN 9780080970172

[141] PATIL, Chinmay; VARADE, Sanjyot; WADKAR, Swapnil: A Review of Engine Downsizing and its Effects. In: *International Journal of Current Engineering and Technology* (2017), März, S. 319–324

[142] PENTLAND, Alex: Maximum likelihood estimation: The best PEST. In: *Perception & Psychophysics* 28 (1980), Juli, Nr. 4, S. 377–379

[143] PISCHINGER, Rudolf; KLELL, Manfred; SAMS, Theodor: *Thermody-namik der Verbrennungskraftmaschine.* 3. Springer Verlag, 2010

[144] PITZ, Jürgen-Oliver: *Vorausschauender Motion-Cueing-Algorithmus für den Stuttgarter Fahrsimulator.* Springer Fachmedien Wiesbaden, 2017. – ISBN 978-3-658-17032-5

[145] PITZ, Jürgen-Oliver; ROTHERMEL, Thomas; KEHRER, Martin; REUSS, Hans-Christian: Predictive motion cueing algorithm for development of interactive assistance systems. In: *16. Internationales Stuttgarter Symposium*, Springer Fachmedien Wiesbaden, April 2016, S. 1155–1169. – Vortragsfolien

[146] PLÖGER, Markus; DETER, Matthias: Echtzeitsimulation von E-Motoren. In: *ATZ Elektronik* 8 (2013), Mai, Nr. 3, S. 216–220

[147] PORSCHE AG: *Geschäfts- und Nachhaltigkeitsbericht 2019.* März 2020. – URL https://newsroom.porsche.com/dam/jcr: aaacfdf1-d8df-47f4-9339-2b620fb14acf/Geschäfts-undNachhaltigkeitsbericht2019derPorscheAG.pdf. – abgerufen am 6. Oktober 2020

[148] PRINS, N.: The psychometric function: The lapse rate revisited. In: *Journal of Vision* 12 (2012), Juni, Nr. 6, S. 25–25

[149] PRINS, Nicolaas; KINGDOM, Frederick A. A.: Applying the Model-Comparison Approach to Test Specific Research Hypotheses in Psychophysical Research Using the Palamedes Toolbox. In: *Frontiers in Psychology* 9 (2018), Juli. – URL www.palamedestoolbox.org

[150] RAT DER EUROPÄISCHEN GEMEINSCHAFTEN (Hrsg.): *80/1269/EWG. Richtlinie des Rates vom 16. Dezember 1980 zur Angleichung der Rechtsvorschriften der Mitgliedsstaaten über die Motorleistung von Kraftfahrzeugen.* Amtsblatt der Europäischen Gemeinschaften, Dezember 1980. – URL http://data.europa.eu/eli/dir/1980/1269/oj

[151] REICHA, Diana; WITTKUGELB, Hanna J.; STARKC, Rainer: How Do Immersive Driving Environments Influence User Performances and Experiences? In: *Advances in Human Aspects of Transportation: Part II* 8 (2014), Juli, S. 41–52

[152] RENZ, Michael-Julius: Die Marke als Plattform zur Nutzung von Preispotenzialen. In: *17. GfM Marketing-Trend-Tagung.* Zürich, 2007

[153] REYMOND, Gilles; KEMENY, Andras: Motion Cueing in the Renault Driving Simulator. In: *Vehicle System Dynamics* 34 (2000), Oktober, Nr. 4, S. 249–259

[154] RIEDEL, Andreas; ARBINGER, Roland: Subjektive und objektive Beurteilung des Fahrverhaltens von Pkw. In: *FAT-Schriftenreihe* (1997), November, Nr. 139

[155] ROESLER, Carsten: *Echtzeitfähiges physikalisches Motorprozessmodell – Potenziale für die Steuerung eines Pkw-Ottomotors*. Berlin, Technische Universität Berlin, Dissertation, 2013

[156] RONELLENFITSCH, Andreas: *Entwicklung eines manöveradaptiven Motion-Cueing-Systems mit prädiktiver Manövererkennung*, Universität Duisburg-Essen, Dissertation, 2020

[157] RONELLENFITSCH, Andreas; DONG, Shuhua; BAUMGARTNER, Edwin; REUSS, Hans-Christian; SCHRAMM, Dieter: Objective Criteria for Motion-Cueing Evaluation. In: *Proceedings of the Driving Simulation Conference (DSC)*. Straßburg, September 2019

[158] ROST, Jürgen: *Lehrbuch Testtheorie – Testkonstruktion*. 2. Bern, Schweiz: Verlag Hans Huber, 1996. – ISBN 3456824807

[159] ROTH, G.: Die Beziehung zwischen Verstand und Gefühlen aus der Sicht der Hirnforschung. In: KRUSE, G. (Hrsg.); GUNKEL, S. (Hrsg.): *Sprache und Handeln — was bewirkt die Wirklichkeit*. Hannover: Hannoversche Ärzte-Verlags-Union, 2002

[160] RUDERT, Steffen; TRUMPFHELLER, Jens: Vollumfänglich durchdacht – Der Produktentstehungsprozess. In: *Porsche Engineering Magazin* (2015), Nr. 1, S. 10–13

[161] RUOFF, Sebastian; KALT, Felix; BAUSE, Katharina; ALBERS, Albert: Methode zur automatisierten Topologiesynthese und Bewertung hybrider Antriebsstränge. In: *Proceedings of the 30th Symposium Design for X*. Jesteburg: The Design Society, September 2019

[162] SAATWEBER, Jutta: *Kundenorientierung durch Quality Function Deployment: systematisches Entwickeln von Produkten und Dienstleistungen*. München: Carl Hanser Verlag, 1997. – ISBN 3446190112

[163] SAMMET, Timo: *Motion-Cueing-Algorithmen für die Fahrsimulation*, Technische Universität München, Dissertation, 2007

[164] SAUERBIER, Thomas; MILDENBERGER, Otto (Hrsg.): *Theorie und Praxis von Simulationssystemen*. Vieweg Teubner Verlag, 1999

[165] SCHARFETTER, Christian: *Allgemeine Psychopathologie*. 7. Georg Thieme Verlag, 2017. – URL www.ebook.de/de/product/27988453/christian_scharfetter_allgemeine_psychopathologie.html. – ISBN 313531507X

[166] SCHÖFFMANN, Wolfgang; SORGER, Helfried; WEISSBÄCK, Michael; PELS, Thomas; KAUP, Carsten; BRUNNER, Mario: The tailored powertrain for 48 V – options for the gasoline engine – chance for future Diesel engines. In: LIEBL, Johannes (Hrsg.); BEIDL, Christian (Hrsg.): *Internationaler Motorenkongress*. Springer Fachmedien Wiesbaden, 2017, S. 261–296

[167] SCHÖGGL, Peter; RAMSCHAK, Erich: Vehicle Driveability Assessment using Neural Networks for Development, Calibration and Quality Tests. In: *SAE Technical Paper Series*, SAE International, März 2000

[168] SCHLÜTER, Marco; UPHAUS, Frank; REUSS, Hans-Christian: Rahmenbedingungen für Fahrbarkeitsuntersuchungen an einem Fahrsimulator. In: *Simulation und Test*. Springer Fachmedien Wiesbaden, 2019, S. 271–285

[169] SCHLÜTER, Marco; UPHAUS, Frank; RIEMER, Thomas; REUSS, Hans-Christian: Frontloading mittels Fahrbarkeitsuntersuchungen an einem Fahrsimulator. In: *AutoTest*. Stuttgart, September 2018

[170] SCHMIDT, Andreas: *Modellierung von Fahrzeugantrieben anhand von Messdaten aus dem Koppelbetrieb zwischen Fahrsimulator und Antriebsstrangprüfstand*. Springer Fachmedien Wiesbaden, 2016

[171] SCHMIDT, Stanley F.; CONRAD, Bjorn: Motion Drive Signals for Piloted Flight Simulators / NASA. 1970 (NASA Contractor Report CR-1601). – Forschungsbericht

[172] SCHMIEDER, Hannsjoerg; NAGEL, Katja; SCHOENER, Hans-Peter: Enhancing a Driving Simulator with a 3D-Stereo Projection System. In: *Proceedings of the Driving Simulation Conference DSC Europe*. Stuttgart, September 2017, S. 103–110

[173] SCHÖNER, Hans-Peter; MORYS, Bernhard: Dynamische Fahrsimulatoren. In: *Handbuch Fahrerassistenzsysteme*. Springer Fachmedien Wiesbaden, 2015, S. 139–154

[174] SCHRAMM, Dieter; HILLER, Manfred; BARDINI, Roberto: *Modellbildung und Simulation der Dynamik von Kraftfahrzeugen*. Berlin: Springer Verlag, 2010

[175] SCHÄUFFELE, Jörg; ZURAWKA, Thomas: *Automotive Software Engineering*. Springer Fachmedien Wiesbaden, 2016

[176] SCHULTE, Alexander: *Untersuchung der Systemstabilität von Fahrzeugmodellen am Beispiel von Anfahr- und Schaltvorgängen zur Fahrbarkeitsbewertung*, Universität Stuttgart, Studienarbeit, März 2017. – Betreuer: Baumgartner, Edwin

[177] SCIABICA, Jean-Francois; ROUSSARIE, Vincent; YSTAD, Solvi; KRONLAND-MARTINET, Richard: Motor noise influence on acceleration perception in a dynamic driving simulator. In: *Proceedings of the Acoustics 2012 Conference*. Nantes, April 2012

[178] SHINAGAWA, Tomohiro; KUDO, Masahito; MATSUBARA, Wataru; KAWAI, Takashi: The New Toyota 1.2-Liter ESTEC Turbocharged Direct Injection Gasoline Engine. In: *SAE Technical Paper Series*, SAE International, April 2015

[179] SICILIANO, Bruno; SCIAVICCO, Lorenzo; VILLANI, Luigi; ORIOLO, Giuseppe: *Robotics*. Springer London, 2010

[180] SILVAS, Emilia; HOFMAN, Theo; MURGOVSKI, Nikolce; ETMAN, Pascal; STEINBUCH, Maarten: Review of Optimization Strategies for System-Level Design in Hybrid Electric Vehicles. In: *IEEE Transactions on Vehicular Technology* (2016)

[181] SILVAS, Emilia; HOFMAN, Theo; SEREBRENIK, Alexander; STEINBUCH, Maarten: Functional and Cost-Based Automatic Generator for Hybrid Vehicles Topologies. In: *IEEE/ASME Transactions on Mechatronics* 20 (2015), August, Nr. 4, S. 1561–1572

[182] SIVAN, Raphael; ISH-SHALOM, Jehuda; HUANG, Jen-Kuang: An Optimal Control Approach to the Design of Moving Flight Simulators. In: *IEEE Transactions on Systems, Man, and Cybernetics* 12 (1982), Dezember, Nr. 6, S. 818–827

[183] SKUDELNY, Hans-Christoph; ACKVA, Ansgar; FETZ, Joachim; LANGHEIM, Jochen; RECKHORN, Thomas: *Antriebe für Elektrostraßenfahrzeuge.* FAT-Schriftenreihe, 1993 (104)

[184] SLOB, Jelmer J.: State-of-the-Art Driving Simulators, a Literature Survey / Eindhoven University of Technology. URL www.mate.tue.nl/mate/pdfs/9611.pdf, August 2008. – Forschungsbericht

[185] SOCIETY OF AUTOMOTIVE ENGINEERS (Hrsg.): *SAE J 1349:2011-09-20. Engine power test code spark ignition and compression ignition as installed net power rating.* September 2011

[186] SOYKA, Florian; GIORDANO, Paolo R.; BEYKIRCH, Karl; BÜLTHOFF, Heinrich H.: Predicting direction detection thresholds for arbitrary translational acceleration profiles in the horizontal plane. In: *Experimental Brain Research* 209 (2011), Januar, Nr. 1, S. 95–107

[187] SPICHER, Ulrich: Downsizing und Downspeeding. In: BASSHUYSEN, Richard van (Hrsg.): *Ottomotor mit Direkteinspritzung und Direkteinblasung.* Springer Fachmedien Wiesbaden, September 2016, S. 235–242

[188] STEVENS, Stanley S.: On the psychophysical law. In: *Psychological Review* 64 (1957), Nr. 3, S. 153–181

[189] STEVENS, Stanley S.: *Psychophysics*. Erstauflage 1986. Routledge, September 2017

[190] STEWART, D.: A Platform with Six Degrees of Freedom. In: *Proceedings of the Institution of Mechanical Engineers* 180 (1965), Juni, Nr. 1, S. 371–386

[191] STRATULAT, Anca M.; ROUSSARIE, Vincent; VERCHER, Jean-Louis; BOURDIN, Christophe: Perception of longitudinal acceleration on dynamic driving simulator. In: *Proceedings of the Driving Simulation Conference DSC Europe*. Paris, September 2012

[192] STRAUS, Sandy H.: New, Improved, Comprehensive, and Automated Driver's License Test and Vision Screening System / ESRA Consulting Corporation. Boca Raton, Florida, Mai 2005 (Report 559). – Forschungsbericht

[193] STURM, Axel; KÜÇÜKAY, Ferit; PIECHOTTKA, Hendrik; GRAMS, Sebastian: Powertrain dimensioning of electrified vehicle concepts based on a synthesis. In: *Conference on Future Automotive Technology*, 2016

[194] STURM, Axel; PIECHOTTKA, Hendrik; KÜÇÜKAY, Ferit; GRAMS, Sebastian: Synthese, Auslegung und Bewertung von zukünftigen Antriebsstrangkonzepten. In: *ATZ - Automobiltechnische Zeitschrift* 118 (2016), November, Nr. 12, S. 70–77

[195] TEITZER, Mario; SCHUH, Robert; GLOSE, Martin; ARNTZ, Martin: Motoranforderungen für ein souveränes Fahrerlebnis Eine neuartige Auslegungsmethode. In: *ATZ - Automobiltechnische Zeitschrift* 120 (2018), Januar, Nr. 1, S. 60–65

[196] TENG, Charlie; HOMCO, Steve: Investigation of Compressor Whoosh Noise in Automotive Turbochargers. In: *SAE International Journal of Passenger Cars - Mechanical Systems* 2 (2009), Mai, Nr. 1, S. 1345–1351

[197] THOMAIER, Martin: *Optimierung der NVH-Eigenschaften von Pkw-Fahrwerkstrukturen mittels Active-Vibration-Control*, Technische Universität Darmstadt, Dissertation, Oktober 2008. – URL http://tuprints.ulb.tu-darmstadt.de/1160/

[198] UHLMANN, Richard: *Realistische Fiktion.* – URL https://audi-encounter.com/de/dynamischer-fahrsimulator. – abgerufen am 28.10.2019

[199] VAILLANT, Moritz: *Design Space Exploration zur multikriteriellen Optimierung elektrischer Sportwagenantriebsstränge*, Karlsruher Institut für Technologie, Dissertation, 2015

[200] VAILLANT, Moritz; ECKERT, Michael; GAUTERIN, Frank: Energy management strategy to be used in design space exploration for electric powertrain optimization. In: *International Conference on Ecological Vehicles and Renewable Energies (EVER)*, IEEE, März 2014

[201] VEREIN DEUTSCHER INGENIEURE (Hrsg.): *VDI-Richtlinie 3633: Simulation von Logistik-, Materialfluss- und Produktionssystemen.* Berlin: Beuth Verlag, Dezember 2014

[202] VOLKSWAGEN AG: *Geschäftsbericht 2019.* März 2020. – URL www.volkswagenag.com/presence/investorrelation/publications/annual-reports/2020/volkswagen/Y_2019_d.pdf. – abgerufen am 6. Oktober 2020

[203] WALZ, Fabian: *Strukturvariante dezentrale Regelung für simulierte konventionelle und hybridische Anfahrvorgänge und Fahrstrategien*, Universität Stuttgart, Masterarbeit, Mai 2015. – Betreuer: Hermannstädter, Peter (Porsche AG) und Baumgartner, Edwin

[204] WALZ, Fabian; KLICK, André; BAUMGARTNER, Edwin; HERMANN-STÄDTER, Peter; REUSS, Hans-Christian: Variable-structure decentralized powertrain control for simulated conventional and hybrid driving strategies. In: *AVL Advanced Simulation Technologies International User Conference*, Juni 2015

[205] WARREN, William H.: Self-Motion: Visual Perception and Visual Control. In: EPSTEIN, William (Hrsg.); ROGERS, Sheena (Hrsg.): *Perception of Space and Motion*. Elsevier, 1995, S. 263–325

[206] WASSERBÄCH, Thomas; KERNER, Jörg; BAUMANN, Markus: Challenges facing future high performance combustion engines using Porsche

Boxer engines as an example. In: LIEBL, Johannes (Hrsg.); BEIDL, Christian (Hrsg.): *Internationaler Motorenkongress*. Springer Fachmedien Wiesbaden, 2017, S. 29–42

[207] WATSON, Andrew B.; PELLI, Denis G.: QUEST: A Bayesian adaptive psychometric method. In: *Perception & Psychophysics* 33 (1983), März, Nr. 2, S. 113–120

[208] WEIR, David H.; CLARK, Allen J.: A Survey of Mid-Level Driving Simulators. In: *SAE Technical Paper Series*, SAE International, Februar 1995

[209] WEISS, Frederik: *Optimale Konzeptauslegung elektrifizierter Fahrzeugantriebsstränge*. Springer Fachmedien Wiesbaden, 2018

[210] WENNINGER, Gerd (Hrsg.): *Lexikon der Psychologie*. Heidelberg: Spektrum Akademischer Verlag, 2000. – URL www.spektrum.de/lexikon/psychologie/

[211] WENTINK, Mark; PAIS, Rita V.; MAYRHOFER, Michael; FEENSTRA, Philippus; BLES, Wim: First curve driving experiments in the Desdemona simulator. In: *Proceedings of the Driving Simulation Conference DSC Europe*. Monaco, Februar 2008

[212] WERNER, Ronny; ROSS, Tilo; STIEGLER, Matthias; ATZLER, Frank: Mehr als Boosten - Der Abgasturbolader mit elektrischer Maschine. In: *MTZ - Motortechnische Zeitschrift* 81 (2020), September, Nr. 10, S. 16–25

[213] WETHERILL, G. B.; LEVITT, H.: Sequential estimation of points on a psychometric function. In: *British Journal of Mathematical and Statistical Psychology* 18 (1965), Mai, Nr. 1, S. 1–10

[214] WEYERS, Alexander: *Güterwagenmanagement - Analyse wesentlicher Potenzial des Eisenbahngüterverkehrs anhand von Simulationen*. Springer Fachmedien Wiesbaden, 2007

[215] WICHMANN, Felix A.; HILL, N. J.: The psychometric function: I. Fitting, sampling, and goodness of fit. In: *Perception & Psychophysics* 63 (2001), November, Nr. 8, S. 1293–1313

[216] WIEDEMANN, Elias: *Ableitung von Elektrofahrzeugkonzepten aus Eigenschaftszielen.* Cuvillier Verlag, 2014. – URL www.ebook. de/de/product/22804245/elias_wiedemann_ableitung_von_ elektrofahrzeugkonzepten_aus_eigenschaftszielen.html. – ISBN 978-3-95404-789-5

[217] WIEDEMANN, Matthias: *Validierung der Fahrsimulation für das Erleben und Beurteilen fahrdynamischer Eigenschaften,* Technische Universität München, Dissertation, 2016

[218] WIRTSCHAFTSKOMMISSION DER VEREINTEN NATIONEN FÜR EUROPA (UNECE) (Hrsg.): *ECE R 85. Einheitliche Bedingungen für die Genehmigung von Verbrennungsmotoren oder elektrischen Antriebssystemen für den Antrieb von Kraftfahrzeugen der Klassen M und N hinsichtlich der Messung der Nutzleistung und der höchsten 30-Minuten-Leistung elektrischer Antriebssysteme.* November 2014

[219] WOLL, Teddy: Verbrauch und Fahrleistungen. In: *Hucho - Aerodynamik des Automobils.* Springer Fachmedien Wiesbaden, 2013, S. 137–176

[220] WURMS, R; BUDACK, R; GRIGO, M; MENDL, G; HEIDUK, T; KNIRSCH, S: Der neue Audi 2.0 L mit innovativem Rightsizing – ein weiterer Meilenstein der TFSI-Technologie. In: *36. Internationales Wiener Motorensymposium,* 2015

[221] YAMAGISHI, Tomoya; ISHIKURA, Takashi: Development of Electric Powertrain for CLARITY PLUG-IN HYBRID. In: *SAE International Journal of Alternative Powertrains* 7 (2018), April, Nr. 3

[222] ZAHN, Sebastian: Mittelwert- und Arbeitstaktsynchrone Simulation von Dieselmotoren. In: *Elektronisches Management motorischer Fahrzeugantriebe.* Vieweg Teubner, 2010, S. 103–127

[223] ZAICHIK, L. E.; RODCHENKO, V. V.; RUFOV, I. V.; YASHIN, Y. P.; WHITE, A. D.: Acceleration perception. In: *Modeling and Simulation Technologies Conference and Exhibit,* 1999, S. 512–520

[224] ZEHETNER, Josef; SCHÖGGL, Peter: *Haus der Technik Fachbuch.* Bd. 108: *Methoden und Werkzeuge zur computergestützten Optimierung der*

Fahrbarkeit. S. 95–105. In: *Subjektive Fahreindrücke sichtbar machen IV : Korrelation zwischen objektiver Messung und subjektiver Beurteilung in der Fahrzeugentwicklung* Bd. 108. Deutschland: Expert Verlag, 2010. – ISBN 978-3-8169-2936-9

[225] ZENNER, Hans-Peter: Gleichgewicht. In: SCHMIDT, Robert F. (Hrsg.); SCHAIBLE, Hans-Georg (Hrsg.): *Neuro- und Sinnesphysiologie.* Springer-Verlag, 2006, S. 312–327

[226] ZENNER, Hans-Peter: Hören. In: SCHMIDT, Robert F. (Hrsg.); SCHAIBLE, Hans-Georg (Hrsg.): *Neuro- und Sinnesphysiologie.* Springer-Verlag, 2006, S. 287–311

[227] ZIEMANN, Alexander: *Zielsystemmanagement für die Produktentstehung von PKW,* Technische Universität München, Dissertation, 2007

[228] ZIMMER, Matthias: *Durchgängiger Simulationsprozess zur Effizienzsteigerung und Reifegraderhöhung von Konzeptbewertungen in der Frühen Phase der Produktentstehung.* Springer Fachmedien Wiesbaden, 2015. – ISBN 9783658115005

[229] ZÖLLER, Ilka M.: *Analyse des Einflusses ausgewählter Gestaltungsparameter einer Fahrsimulation auf die Fahrerverhaltensvalidität,* Technische Universität Darmstadt, Dissertation, Mai 2015

Printed in the United States
by Baker & Taylor Publisher Services

Printed in the United States
by Baker & Taylor Publisher Services